贵州春玉米

农艺节水抗旱栽培技术研究与应用

◎宋碧 等著

中国农业科学技术出版社

图书在版编目（CIP）数据

贵州春玉米农艺节水抗旱栽培技术研究与应用 / 宋碧等著 . -- 北京：中国农业科学技术出版社，2021.7
ISBN 978-7-5116-5297-3

Ⅰ . ①贵…　Ⅱ . ①宋…　Ⅲ . ①春玉米 – 节水栽培 – 栽培技术 – 研究 – 贵州 ②春玉米 – 抗旱 – 栽培技术 – 研究 – 贵州　Ⅳ . ① S513

中国版本图书馆 CIP 数据核字（2021）第 077084 号

责任编辑　王惟萍
责任校对　贾海霞
责任印制　姜义伟　王思文

出 版 者　中国农业科学技术出版社
北京市中关村南大街 12 号　邮编：100081
电　　话　（010）82106643（编辑室）（010）82109702（发行部）
（010）82109709（读者服务部）
传　　真　（010）82106643
网　　址　http://www.castp.cn
经 销 者　各地新华书店
印 刷 者　北京中科印刷有限公司
开　　本　170mm × 240mm　1/16
印　　张　7.75
字　　数　156 千字
版　　次　2021 年 7 月第 1 版　2021 年 7 月第 1 次印刷
定　　价　56.00 元

《贵州春玉米农艺节水抗旱栽培技术研究与应用》著者名单

主　　著　宋　碧（贵州大学）

副 主 著　张荣达（贵州省毕节市农业技术推广站）

　　　　　易维洁（贵州大学）

　　　　　邹　军（贵州省农作物技术推广总站）

参著人员　田山君（贵州大学）

　　　　　程　乙（贵州大学）

　　　　　杨锦越（贵州省旱粮研究所）

　　　　　卢　平（贵州省安顺市农业科学院）

　　　　　黄　勇（贵州大学）

　　　　　罗上轲（贵州大学）

　　　　　罗英舰（贵州省遵义市农业科学研究院）

　　　　　刘　婕（贵州大学）

　　　　　刘君鹏（贵州大学）

　　　　　张　力（贵州省辣椒研究所）

　　　　　叶开梅（贵州省安顺市农业科学院）

前　言

玉米是全球种植范围最广、产量最大的谷类作物，居三大粮食之首。我国是玉米生产和消费大国，播种面积、总产量、消费量仅次于美国，均居世界第二位。在贵州，玉米种植面积和产量仅次于水稻。从未来发展看，玉米将是我国需求增长最快、增产潜力最大的粮食品种。贵州玉米生产优势区主要种植春玉米，该区域旱坡地占比较大，土壤贫瘠，灌溉设施差，是典型雨养农业区。贵州季节性干旱突出，玉米单产低而不稳，干旱已成为全省粮食生产稳步增长的巨大障碍。近年来旱灾越来越严重。2000 年以来，贵州发生了 2001 年夏旱、2004 年西部春旱、2005 年夏旱、2006 年西部春旱和黔北特大夏旱、2009 年 7 月至 2010 年 5 月夏秋连旱叠加冬春连旱的罕见特大干旱、2011 年的特大夏秋连旱和 2013 年夏旱。如何趋利避害，充分利用有限的水资源，最大限度地减轻干旱对贵州玉米生产的影响，对促进玉米产业持续稳定发展、促进农民增收、提高粮食综合生产能力有重要而深远的意义。

农艺节水是根据种植区的气候、地形、经济等因素，选用节水抗旱品种、改革耕作制度和种植制度，通过农业综合技术，充分利用各种形式的水资源，抑制土壤蒸发和作物奢侈蒸腾，提高作物水分生产率，达到节水高产的目的，这是众多节水环节中较为关键的一环。“十二五”“十三五”期间，在农业部公益性行业（农业）科研专项“西南丘陵旱地粮油作物节水节肥节药综合技术集成与示范”、贵州省农业科技攻关项目“贵州春玉米农艺节水抗旱栽培技术研究与应用”和“贵州旱坡地玉米持续高产栽培关键技术研究与应用”等项目资助下，我们对贵州春玉米避旱耕作、覆膜保墒栽培、玉米秸秆还田增肥保水、基于作物生长模拟模型的适宜播期、水肥耦合抗旱保水等农艺节水技术进行了系统研究。本书是在组织实施以上科研项目取得研究成果的基础上，结合国内外相关研究动态写作而成的。

全书分为五章，主要包括季节性干旱对贵州春玉米生产的影响、玉米农艺节水抗旱栽培的技术原理和研究方法、春玉米农艺节水抗旱栽培技术及该技术在贵州的应用情况等内容。

本书在撰写过程中，参考了前人的研究成果。此外，还引用了贵州大学农学院和毕节市农业农村局的未发表资料，在此一并向相关人员表示衷心的感谢。

由于笔者水平有限，书中不当之处在所难免，诚请批评指正，以便再版时进一步完善。

著　者

2021 年 6 月

目　　录

季节性干旱对贵州春玉米生产的影响

第一节　贵州春玉米生产概况

一、贵州春玉米的主要分布区域

贵州种植的玉米大部分属于春玉米，主要分布在毕节、遵义、黔南州、六盘水、黔西南州、安顺等地区。其中，重点种植区域是毕节市的威宁县、七星关区、黔西市、织金县、纳雍县、大方县；遵义市的播州区、正安县、务川县、桐梓县；黔南州的瓮安县、罗甸县、长顺县、福泉市；六盘水市的盘州、水城县；黔西南州的兴义市、兴仁县、望谟县、册亨县；安顺市的紫云县、关岭县、镇宁县和普定县。

二、贵州春玉米的生产情况

（一）种植面积

2014—2018 年贵州全省春玉米种植面积总计 5 412.6 万亩（15 亩 =1 公顷，1 亩 ≈ 667 平方米），年平均种植面积 1 082.52 万亩，平均产量 283.5kg/ 亩。2014—2018 年春玉米种植面积呈下降趋势，由 2014 年的 1 181.2 万亩下降到 2018 年的 903.2 万亩，单产由 266kg/ 亩上升到 286.7kg/ 亩（表 1-1）。

表 1-1　贵州省 2014—2018 年玉米种植面积统计

年份	面积（万亩）	单产（kg/ 亩）	总产（万 t）
2014	1 181.2	266	314.20
2015	1 144.8	283	323.99
2016	1 110.5	292	324.26
2017	1 072.9	292	313.29
2018	903.2	287	258.96

注：数据来源于《贵州省统计年鉴》。

（二）主要种植品种

贵州省春玉米近 5 年种植的品种有安单 3 号、金贵单 3 号、正大 999、中单 808、新中玉 801、贵单 8 号、保玉 7 号、靖丰 8 号、和玉 808、鄂玉 16、铜玉 3 号、禾玉 9566、正大 619、裕玉 207、华龙玉 8 号、金玉 818 等。

（三）生产存在的主要问题

贵州春玉米种植存在的主要问题有以下 5 个方面。

（1）春玉米在苗期时易出现春旱问题，加上耕地土层浅薄、瘦瘠、保水保肥能力差，播种至出苗阶段，表层土壤水分亏缺，种子处于干土层，不能发芽和出苗，出苗地块由于干旱苗势弱、植株小、发育迟缓、群体生长不整齐。

（2）玉米吐丝期和灌浆期易遭遇伏旱，导致植株生长旺盛、受旱植株叶片卷曲、影响光合作用与干物质生产，并进一步由下而上干枯，植株矮化；抽雄前受旱，上部叶节间密集，抽雄困难，影响授粉；吐丝期推后，易造成雌、雄花期不遇；幼穗发育不好，灌浆不充分至果穗小，最终影响玉米产量。

（3）玉米穗期进入雨季，田间容易形成高温、高湿小气候，造成大、小斑病，纹枯病，青枯病，灰斑病，南方锈病等病害发生。

（4）花粒期病害发生严重，如叶斑病、丝黑穗病、茎腐病、病毒病，同时也是果穗害虫为害的高峰期。

（5）玉米收获季，贵州省秋季降水较多，如遇连绵阴雨天气，果穗易发霉和穗腐。

第二节　贵州季节性干旱的发生与特点

一、贵州季节性干旱发生的原因

贵州由于季节气候及地形抬升的作用，降水量时空分布上存在变化大而且不均匀的特点。贵州省年降水量大多为 1 100~1 320mm，总体呈现东南部、西南部多，西北部少的分布趋势。全省 80% 以上的降水量集中在 4—10 月，各地降水量均以冬季最少，大部分地区 1 月降水量为 25~40mm。夏季（6—8 月）降水量最多，占年降水量的 47%；春季降水多于秋季，春、秋两季分别为 26% 和 21%；冬季最少，仅占 5%。由于贵州山体坡度大，土层浅薄，降水的径流比率高，加之喀斯特构造形成的漏斗结构使降水大部分流入地下暗河，从而使得降水对植物的有效性相对较差，常常出现季节性干旱。

二、贵州季节性干旱发生的特点

贵州省的季节性干旱分为春旱和夏旱，春旱指的是春季 3 月 1 日至 5 月 31 日发生的干旱现象，主要发生在贵州中部以西地区；夏旱指的是夏季 6 月 1 日至 8 月 31 日之间发生的干旱现象，主要发生在贵州中部以东地区。

（一）春旱发生的特征

1. 春旱时间分布特征

贵州春旱持续日数多年平均值为 24.1d，近 55 年来（1961—2015 年）春旱区域平均持续日数在多年平均值附近波动，无明显的上升或下降趋势。春旱持续总日数偏多的年份为 1998 年、2005 年和 2011 年，其中 2011 年贵州境内的春旱总日数最长，达 45.2d，区域平均值达重旱标准。1996 年、1970 年、1974 年贵州境内春旱持续日数较短，平均持续日数低于 10d。近 10 年来春旱区域平均持续日数均偏多，说明近年来贵州境内春旱频发。

2. 春旱空间分布特征

根据春旱日数可分为基本无春旱区、轻春旱区、中等春旱区、重春旱区和特重春旱区。贵州境内春旱持续总日数介于 6.3~45.8d，呈带状分布，自西部逐渐向东部减少，与春季多年平均降水值的空间分布基本一致。贵州西部的威宁、赫章、水城、盘州、普安和兴义等地，春旱的多年平均持续总日数介于39.2~45.8d，高于贵州省春旱多年平均值（24d）15d以上，是春旱持续时间最长、受灾最重的地区。贵州中东部区域受春旱影响较小，东部边缘的黎平、锦屏、天柱、万山、铜仁和松桃一带，春旱持续时间多年平均值介于6.3~12.7d，持续时间较短。

（二）夏旱发生的特征

1. 夏旱时间分布特征

贵州夏旱总日数多年区域平均值为14.7d，贵州省境内近55年来（1961—2015年）夏旱总日数无明显的上升或下降趋势。夏旱总日数偏多的年份为1972年、2011年和2013年，其中2013年贵州境内的夏旱总日数最长，达到42.8d，区域平均值达到重旱标准。1993—2002年贵州境内的夏旱总日数偏少。近10年来夏旱频发，区域平均值总体较高。

2. 夏旱空间分布特征

根据夏旱日数可分为基本无夏旱区、轻夏旱区、中夏旱区和重夏旱区。贵州境内夏旱总日数的多年平均值为2.4~24.4d，总体呈现为自西向东逐渐增多的分布特征。贵州西部的六盘水、黔西南州中西部以及安顺西部的夏旱总日数较少，多年平均值为2.4~6.8d；毕节中西部、安顺中东部以及黔南州长顺县、罗甸县、惠水县、平塘县、独山县以及荔波县西部为6.9~11.2d；毕节中部—贵阳中西部—黔南州的都匀市—黔东南州的榕江县一带以及遵义市播州区和赤水市为11.3~15.6d，偏高于其西部区域，低于其东部地区；贵州东部一带的夏旱总日数多年平均值总体偏高，以余庆县、石阡县、思南县、印江县以及黄平县、施秉县、镇远县、岑巩县一带的夏旱最为严重，多年平均值达20.1~24.4d；毕节东部、贵阳东北部、黔南州北部、黔东南州中东部、铜仁以及遵义大部分地区（除赤水、习水以外）的夏旱总日数多年平均值大于15.7d。

第三节　季节性干旱对贵州春玉米生产的影响

干旱是由于降水亏缺或水分供应不足形成的水分匮缺现象。较之其他气象灾害，干旱季节性连发，持续时间长，影响范围大，一旦成灾会造成严重危害。我国西南地区虽然气候湿润多雨，但是降水量分布不均，其中云贵高原地形地貌复杂多样，近年来随着西部开发与人口流动，土地荒漠化加剧，干旱事件频发，且常具有季节连旱的特征。西南地区2009年发生的秋冬春连旱从持续时间、发生区域、降水减少程度均是近50年极为罕见的现象，对社会生产造成了极大的影响。玉米是需水量较大的作物，春玉米全生育期的需水量大约为400~700mm，而贵州春玉米生育期普遍为4—8月，期间春旱（3—5月干旱）和夏旱（6—8月干旱）时有发生，有研究表明，干旱逆境是造成当地玉米减产的最关键非生物环境因子之一（丁梦秋，2019）。下文分别从春旱和夏旱的角度，详细阐述不同季节性干旱对贵州春玉米生产的影响。

一、春旱对玉米生长发育及产量形成的影响

在3—5月，贵州春玉米生育时期主要经历苗期和穗期。玉米播种出苗至拔节这段时间被称为苗期，这一阶段对水分较为敏感，该时期缺水将直接导致种子发芽率、发芽势降低，造成缺苗、断垄等现象，严重时大面积减产（赵玉坤，2016）。出苗后植株的形态学指标和生理指标均有不同程度改变，主要表现为幼苗植株的主根增长，而株高、干物重、叶面积降低，叶片脯氨酸、可溶性蛋白、活性氧含量增加（李兆举，2017；肖小君，2017）。在干旱胁迫下，玉米会通过增加根系活力和根系吸收能力等途径来吸收土壤深层水分，通过降低生长速度和叶片衰老等途径来减少叶面积，抑制植株生长，降低干物质积累（Efeoglu，2009）。同时，春旱还会导致种子出苗时间较适宜水分条件下推迟1周左右。出苗期推迟会破坏玉米中、后期生长发育的节律，导致玉米后期生长进程滞后至少1周以上，灌浆成熟期处于秋季降水少、气温较低的阶段，从而使玉米穗小，百粒重降低（马树庆，2012）。

玉米苗期遭受干旱胁迫会使生长发育受到抑制，导致株高降低、茎粗变细、根系和地上部的生物量降低，根冠比增大，叶片光合面积减小，使得后期玉米生长发育显著延迟（纪瑞鹏，2012）。随着水分亏缺程度的加重，根系长度缩短、根直径变细、总生物量降低，根系活力、根冠比、根尖多糖含量均增加，有利于根系吸收更多水分（马旭凤，2010）。干旱胁迫还会使玉米根系导管孔的直径降低，降低对土壤水分的消耗速率，以便提高水分利用效率，增加作物产量（王周锋，2005）。同时，水分亏缺使导管变形，向四周延伸，植株通过导管的形状变化来调节干旱条件下水分的运输，以便满足植株抗旱的需求（马旭凤，2010）。干旱导致玉米苗期光合作用能力下降，具体表现为光合面积减小、叶片净光合速率和气孔导度下降，光系统Ⅱ的实际量子产量、电子传递速率和光化学猝灭系数下降。这是由于

轻度干旱胁迫使得玉米植株气孔关闭，气孔开度降低，CO_2 进入叶片细胞的阻力上升，影响了 CO_2 的吸收，从而降低了光合作用的速率；重度胁迫时，叶片的光合器官结构受到损坏，这时影响光合作用的主要因素是叶绿体固定 CO_2 能力的大小（汪本福，2014）。苗期发生 10~40d 的持续干旱，会对籽粒灌浆产生负面影响，最终导致产量下降，且干旱持续时间越长对灌浆的影响越大，减产越严重（张建平，2015）。干旱胁迫初期玉米苗期的超氧化物歧化酶（SOD）、过氧化物酶（POD）、过氧化氢酶（CAT）活性、丙二醛（MDA）含量升高，但随着干旱程度的加重，SOD、POD、CAT 活性下降，说明干旱逆境初期对玉米保护酶系统活性升高有诱导作用，重度胁迫下活性氧清除酶的活性下降，导致细胞膜伤害（张仁和，2010）。

玉米苗期主要通过光合-天线蛋白、光合生物的固碳作用、卟啉和叶绿素代谢、脂肪酸降解、精氨酸和脯氨酸代谢、磷酸肌醇信号等代谢途径来响应干旱胁迫（路运才，2006）。玉米幼苗通过信号传导响应环境变化，进而调控转录翻译以合成 SOD，提高玉米适应干旱环境的抗性（赵志军，2020）。干旱胁迫下，玉米苗期赤霉素合成途径中的一类负调控基因 *ZmGA2ox3*、*ZmGA2ox6*、*ZmGA2ox7* 和 *ZmGA2ox9* 发生显著的转录变化（姜志磊，2019）。三叶期干旱胁迫下，玉米植株中 *SR* 蛋白基因家族具有明显的组织表达特异性，地下组织以下调表达模式为主，而地上组织以上调表达模式为主；在重度干旱胁迫后的 3 个不同时段复水过程中，地上和地下组织中 *SR* 蛋白基因家族的表达皆以下调表达模式为主（李娇，2014）。

从拔节至抽雄的这段时间被称为穗期。穗期干旱会扰乱玉米的正常生理代谢过程，使光合作用受抑制，光合产物减少，而呼吸作用增强，加速物质的分解，消耗大于积累，导致干物质积累减少（魏长贵，2013）。水分匮缺下玉米叶面积减少主要归因于叶片日生长量减小和日衰减量增加。拔节期水分胁迫，植株上部叶片日生长量减小，轻、中、重度胁迫处理分别比对照减小了 35.5%、83.5% 和 97.9%，日衰减量分别增加了 10.3%、70.3% 和 91.6%（徐世昌，1995）。从玉米拔节中期开始连续干旱会使次生根条数、根体积和重量都减少，连续干旱时间超过 21d 之后，根系生长受到明显抑制、植株矮小、叶面积增长受阻严重（龚雨田，2017）。干旱持续时间对根系数量的差异性影响主要体现在土壤上层根数方面，土壤表层 0~10cm 的根系数量降低幅度较大，20~30cm 根系数量变化不明显（陈家宙，2007）。穗期干旱胁迫还会抑制玉米拔节期和抽雄—开花期玉米根系的生长，减弱了玉米根系的吸收能力，并且导致乳熟期后，玉米上层根系因拔节期干旱提前衰老（蔡福，2018），这是玉米减产的重要原因之一。

玉米穗期是决定穗数和穗大小的关键时期（于振文，2003），穗期干旱胁迫影响到雌雄穗的分化与发育。穗期干旱胁迫会导致雄穗开花延后、分枝数减少、小花发育不全以及主轴变短、雌穗长与直径减小、小花发育不完善，吐丝延迟明显，雌雄穗发育不协调，最终造成花期不遇，灌浆期延长（贾双杰，2020）。穗期干旱导致的萎蔫也会造成正在分化的幼穗的水分流向茎，而使幼穗分化过程受阻，小花分化数目少，影响雄穗的抽出和雌穗的吐丝，延缓授粉，严重时会造成花粉丧失活力，果穗上籽粒数量减少，造成穗小、缺粒，甚至幼穗分化停止，形成空秆（魏长贵，2013）。拔节—抽穗期遭受重旱的玉米，生长至乳熟期，果穗长、穗粒数、百粒重分别下降 27.6%、46.5% 和 8.7%（姜鹏，2013）。

在穗期，雄穗在转录水平上主要通过转录调节、能量代谢、碳水化合物代谢、脂类代谢、次级代谢物合成、萜类与聚酮类化合物代谢等途径来响应干旱胁迫。干旱胁迫下，玉米雄穗在转录水平主要通过外显子连接复合体基因调控 *RNPS1* 和 *SRm160* 对干旱胁迫进行响应。在碳水化合物代谢中响应干旱胁迫的主要基因是转化酶基因和 6– 磷酸果糖激酶基因；在脂类代谢中响应干旱胁迫的主要基因是 3– 酮脂酰辅酶 A 合成酶和脂肪酰基辅酶 A 还原酶基因（李亮，2015）。

二、夏旱对玉米生长发育及产量形成的影响

6—8 月，贵州春玉米生育时期为花粒期，即玉米抽雄开花至果穗灌浆成熟这段时间。玉米抽雄开花期对土壤水分最为敏感，这一时期遇到干旱对玉米植株影响较大（高亚军，2006），会导致玉米雌穗发育受阻，使得花期不遇，籽粒败育率增加，秃尖增长，穗粒数减少（任寒，2019）；灌浆期遭遇干旱将导致叶片早衰，限制了同化物的积累和转运，从而限制了产量的增加（李叶蓓，2015；方缘，2018）。

玉米生殖器官雌雄穗的发育对干旱胁迫的反应比营养器官根、茎、叶敏感（刘树堂，2003），地上部茎、叶的生长对干旱胁迫的反应比地下部根系敏感，籽粒内的水分在控制灌浆持续时间中起着关键的作用，随着干旱胁迫的加重，对穗粒数的影响较大，玉米的果穗性状和产量将会大幅度降低（宋凤斌，2005）。不同耐旱性的玉米在干旱胁迫下雌穗发育均受到影响，杂交种对干旱胁迫的耐受程度较自交系高；干旱胁迫下的行粒数、总小花数、败育粒数反应比较敏感，是导致玉米干旱胁迫下产生高空秆率的主要原因（任丽丽，2018）。在干旱胁迫下，玉米产量主要与株高、千粒重、穗长、穗粗呈正相关，与出苗至吐丝日数呈负相关（郑常祥，

2002）。玉米株高、茎粗、气孔导度、根系数量在不同干旱天数后均显著降低（陈家宙，2007）。不同时期的干旱胁迫会导致玉米植株矮小，果穗长、果穗粗、百粒重减小，秃尖长度增大，最终减产 23.57%~90.03%。

抽雄期持续干旱会导致玉米叶片卷曲，衰老加快，最大净光合速率下降，减产 41.6%~45.8%，影响大于拔节期（米娜，2017）。玉米抽雄开花期遇到干旱胁迫，使得根际 NH_4^+-N 含量和硝化细菌数量有所增加，对 NO_3^--N 的影响比较小；降低了根际蛋白酶的活性，显著减弱了氨化细菌的根际效应，并且改变了玉米根际 NH_4^+-N 和 NO_3^--N 与蛋白酶、脲酶、氨化细菌、硝化细菌的相关性（韩希英，2007）。玉米抽雄吐丝期间及吐丝后 2 周左右对水分亏缺较为敏感，遇到干旱极易造成吐丝延迟和籽粒败育，是干旱胁迫限制产量的重要因素，从而大幅度降低了玉米的产量（Denmead，1960；Bolaños，1993、1996）。在吐丝期遇到干旱，会延缓雌穗发育，吐丝时间后移，使得雌雄花期不遇，形成空秆，导致产量大幅度降低（张维强，1993；宋凤斌，1998）。发生干旱后，花丝表面横向收缩，出现坍塌，花丝上的毛状体数量减少倒伏于花丝表面上，不利于花丝对花粉的接收，从而导致籽粒败育（宋凤斌，2004）。拔节至乳熟期遇到中等干旱胁迫（土壤相对湿度为 40%~50%），会导致玉米全生育期缩短，株高、叶面积、果穗长、穗粒数、籽粒重下降，空秆率增加，玉米减产（纪瑞鹏，2012）。干旱胁迫下，抽雄吐丝期的减产幅度大于拔节孕穗期大于苗期，穗粒数的减少是玉米抽雄吐丝期产量降低的主要原因（张淑杰，2011），持续干旱将导致减产进一步加剧（潘周云，2015）。

干旱胁迫是影响玉米开花吐丝间隔期（ASI）的主要因素之一。玉米穗期遇到干旱胁迫，穗位叶的光合特性受到影响，ASI 延长，向穗部分配与积累的干物质量降低，干旱胁迫程度越重，对雌雄穗的发育影响越大（贾双杰，2020）。干旱胁迫显著增加了玉米花粒期根系、绿叶和籽粒中的矿质灰分，复水后得到缓解（刘永红，2009）。在严重干旱胁迫下，玉米抽穗期和灌浆期，抗氧化酶（SOD、POD、CAT）的活性显著降低，膜脂过氧化物、丙二醛含量显著增强（Bai，2006），从而丧失了保护酶系统的功能，进一步使膜脂受损加重（葛体达，2005）。抗旱性强的玉米叶片 MDA 含量积累少，SOD 和 POD 活性高，酶促保护系统清除自由基能力强，细胞膜受到的破坏较轻（白向历，2009）。在玉米开花期遇到干旱胁迫，植株生长受到抑制，雌穗生长减缓，吐丝期延迟，雄穗发育不良，一级分枝数和花粉量减少，ASI 延长，叶片相对含水量下降，相对电导率升高，渗透调节剂脯氨酸、可溶性糖含量、保护酶 SOD 和 POD 活性增加，结穗率和籽粒产量严重下降（刘丽坤，2016；彭云玲，2014）。

不同玉米品种在干旱响应机制上存在较大差异，玉米雄穗在干旱胁迫下平均有 1 902 个差异表达基因，在转录水平上主要通过外显子连接复合体基因调控 *NRPS1* 和 *SRm160* 对干旱胁迫进行响应；玉米雄穗在干旱胁迫下，*ZmNAC010312*、*ZmNAC030295*、*ZmNAC080308* 显著上调，与水稻中已知具有抗旱或抗脱水功能基因具有相同的 motif 结构（李亮，2015）。与玉米抗旱性相关性状所定位到的 QTL 共 43 个，分别位于不同染色体上，并形成了许多 QTL 簇，这些 QTL 簇聚集区可能有助于通过分子标记辅助选择的方法提高干旱地区玉米的抗旱性（陈志辉，2012）。玉米抽雄开花期分别遭受 1d 和 7d 水分胁迫后，玉米叶片分别有 195 和 1008 个差异表达基因，干旱胁迫 1d 后，主要是信号传导基因起着重要的作用；而干旱胁迫 7d 后，主要是代谢相关基因起着重要的作用，涉及多条代谢途径，其中脯氨酸合成中的 *P5CS* 和 *P5CR* 基因表达上调（岳桂东，2008）。

参考文献

白向历，2009. 玉米抗旱机制及鉴定指标筛选的研究 [D]. 沈阳：沈阳农业大学 .

蔡福，明惠青，谢艳兵，等，2018. 东北地区春玉米关键生育期干旱对根系生长的影响 [J]. 气象与环境学报，34（2）：75-81.

陈家宙，王石，张丽丽，等，2007. 玉米对持续干旱的反应及红壤干旱阈值 [J]. 中国农业科学，40（3）：532-539.

陈志辉，2012. 玉米抗旱性 QTL 定位及抗旱品种选育研究 [D]. 长沙：中南大学 .

丁梦秋，2019. 花后高温干旱胁迫影响糯玉米叶片衰老的生理机制研究 [D]. 扬州：扬州大学 .

方缘，张玉书，2018. 干旱胁迫及补水对玉米生长发育和产量的影响 [J]. 玉米科学，26（1）：89-97.

高亚军，李生秀，田霄鸿，等，2006. 不同供肥条件下水分分配对旱地玉米产量的影响 [J]. 作物学报，32（3）：415-422.

葛体达，隋方功，白莉萍，等，2005. 长期水分胁迫对夏玉米根叶保护酶活性及膜脂过氧化作用的影响 [J]. 干旱地区农业研究，23（3）：1-7.

龚雨田，孙书洪，闫宏伟，2017. 不同生育期水分胁迫对玉米农艺性状的影响 [J]. 节水灌溉（5）：34-36，41.

韩希英，宋凤斌，2007. 干旱胁迫对玉米根际氮的有效性及其相关酶活性和细菌的影响 [J]. 干旱地区农业研究（2）：71-76.

胡明新，周广胜，2020. 拔节期干旱和复水对春玉米物候的影响及其生理生态机制 [J]. 生态学报，40（1）：274-283.

纪瑞鹏，车宇胜，朱永宁，等，2012. 干旱对东北春玉米生长发育和产量的影响 [J]. 应用生态学报，23（11）：3021-3026.

贾双杰，李红伟，江艳平，等，2020. 干旱胁迫对玉米叶片光合特性和穗发育特征的影响 [J]. 生态学报，40（3）：854-863.

姜鹏，李曼华，薛晓萍，等，2013. 不同时期干旱对玉米生长发育及产量的影响 [J]. 中国农学通报，29（36）：232-235.

姜志磊，蒋超，金峰学，等，2019. 玉米 GA2ox 类基因的发掘及其在苗期干旱胁迫后的表达分析 [J]. 玉米科学，27（4）：58-63，70.

李娇，郭予琦，崔伟玲，等，2014. 玉米苗期 SR 蛋白基因家族的干旱胁迫应答 [J]. 遗传，36（7）：697-706.

李亮，2015. 玉米雄穗响应干旱胁迫的主要代谢途径解析及耐旱 SNAC 基因筛选鉴别 [D]. 乌鲁木齐：新疆农业大学 .

李叶蓓，陶洪斌，王若男，等，2015. 干旱对玉米穗发育及产量的影响 [J]. 中国生态农业学报，23（4）：383-391.

李兆举，徐新娟，齐红志，等，2017. MeJA 浸种对干旱胁迫下玉米种子萌发及幼苗生理特性的影响 [J]. 河南农业科学，46（12）：36-41.

刘丽坤，曲海涛，关贵祥，等，2016. 在干旱胁迫条件下玉米雌雄穗开花间隔时间（ASI）与产量关系的研究 [J]. 农技服务，33（15）：4-6，53.

刘树堂，东先旺，孙朝辉，等，2003. 水分胁迫对夏玉米生长发育和产量形成的影响 [J]. 莱阳农学院学报，20（2）：98-100.

刘永红，何文铸，杨勤，等，2009. 玉米花粒期干旱胁迫对植株矿质灰分的影响研究 [J]. 玉米科学，17（1）：71-74，79.

路运才，石云素，宋燕春，等，2006. 玉米苗期水分胁迫下相关基因差异表达研究 [J]. 玉米科学，14（3）：78-82，86.

马树庆，王琪，于海，等，2012. 春旱对春玉米产量的影响试验研究 [J]. 自然灾害学报，21（5）：209-214.

马旭凤，于涛，汪李宏，等，2010. 苗期水分亏缺对玉米根系发育及解剖结构的影

响 [J]. 应用生态学报，21（7）：1731-1736.
米娜，蔡福，张玉书，等，2017. 不同生育期持续干旱对玉米的影响及其与减产率的定量关系 [J]. 应用生态学报，28（5）：1563-1570.
潘周云，赵艳花，陈瑾，等，2015. 不同生育期干旱胁迫对玉米籽粒产量及其果穗性状的影响 [J]. 山地农业生物学报，34（3）：86-88.
彭云玲，赵小强，任续伟，等，2014. 开花期干旱胁迫对不同基因型玉米生理特性和产量的影响 [J]. 干旱地区农业研究，32（3）：9-14.
任寒，刘鹏，董树亭，等，2019. 高温胁迫影响玉米生长发育的生理机制研究进展 [J]. 玉米科学，27（5）：109-115.
任丽丽，孙玉军，鲁俊田，等，2018. 不同耐旱玉米品种（系）雌穗分化对干旱胁迫的反应差异 [J]. 种子，37（5）：35-37，44.
宋凤斌，戴俊英，张烈，等，1998. 水分胁迫对玉米花粉活力和花丝受精能力的影响 [J]. 作物学报，24（3）：368-373.
宋凤斌，戴俊英，2004. 干旱胁迫对玉米花粉和花丝表面超微结构及两者活力的影响 [J]. 吉林农业大学学报，26（1）：1-5.
宋凤斌，戴俊英，2005. 玉米茎叶和根系的生长对干旱胁迫的反应和适应性 [J]. 干旱区研究，22（2）：256-258.
汪本福，黄金鹏，杨晓龙，等，2014. 干旱胁迫抑制作物光合作用机理研究进展 [J]. 湖北农业科学，53（23）：5628-5632.
王周锋，张岁岐，刘小芳，2005. 玉米根系水流导度差异及其与解剖结构的关系 [J]. 应用生态学报，16（12）：2349-2352.
魏长贵，邹奇，2013. 玉米穗小且形状不规则发生的原因 [J]. 现代化农业（2）：22-23.
肖小君，黄倩，罗陈勇，等，2017. 水杨酸浸种对干旱胁迫下玉米种子萌发及幼苗生长的影响 [J]. 福建农业学报，32（6）：583-586.
徐世昌，戴俊英，沈秀瑛，等，1995. 水分胁迫对玉米光合性能及产量的影响 [J]. 作物学报，21（3）：356-363.
于振文，2003. 作物栽培学各论 [M]. 北京：中国农业出版社.
岳桂东，2008. 玉米干旱胁迫相关基因的克隆与分析 [D]. 济南：山东大学.
张仁和，郑友军，马国胜，等，2011. 干旱胁迫对玉米苗期叶片光合作用和保护酶的影响 [J]. 生态学报，31（5）：1303-1311.

张淑杰，张玉书，纪瑞鹏，等，2011. 水分胁迫对玉米生长发育及产量形成的影响研究 [J]. 中国农学通报，27（12）：68-72.

张维强，沈秀瑛，戴俊英，1993. 干旱对玉米花粉、花丝活力和籽粒形成的影响 [J]. 玉米科学，1（2）：45-55.

郑常祥，杨文鹏，舒世德，等，2002. 干旱条件下玉米产量的主要相关性状研究 [J]. 玉米科学（S1）：59-61.

赵志军，刘延波，李海登，等，2020. PEG 胁迫下玉米转录组差异性分析 [J]. 种子，39（2）：44-49.

赵玉坤，高根来，王向东，等，2014. PEG 模拟干旱胁迫条件下玉米种子的萌发特性研究 [J]. 农学学报，4（7）：1-4，12.

BAI L P，SUI F G，GE T D，et al.，2006. Effect of soil drought stress on leaf water status，membrane permeability and enzymatic antioxidant system of maize [J]. Pedosphere，16（3）：326-332.

BOLAÑOS J，EDMEADES G O，1993. Eight cycles of selection for drought tolerance in lowland tropical maize. Ⅱ. Responses in reproductive behavior [J]. Field Crops Research，31（3/4）：253-268.

BOLAÑOS J，EDMEADES G O，1996. The importance of the anthe-sis-silking interval in breeding for drought tolerance in tropical maize [J]. Field Crops Research，48（1）：65-80.

DENMEAD O T，SHAW R H，1960. The effects of soil moisture stress at different stages of growth on the development and yield of corn [J]. Agronomy Journal，52（5）：272-274.

EFEOGLU B，EKMEKCI Y，CICEK N，2009. Physiological responses of three maize cultivars to drought stress and recovery[J]. South African Journal of Botany，75：34-42.

玉米农艺节水抗旱栽培的技术原理

第一节　节水农业的概念及类型

节水农业是提高用水有效性的农业，是水、土、作物资源综合开发利用的系统工程；衡量节水农业的标准是作物的产量及其品质，用水的利用率及其生产率（尹飞虎，2018）。从广义上讲，节水农业包括节水灌溉农业和旱地农业。其中，节水灌溉农业是指合理开发利用水资源，用工程技术、农业技术及管理技术达到提高农业用水效益的目的；旱地农业是指降水偏少而灌溉条件有限而从事的农业生产（曲军，2009）。从狭义上讲，节水农业是随着节水观念的加强和具体实践而逐渐形成的，包括农艺节水、生理节水、管理节水和工程节水（高传昌，2014）。

一、农艺节水

农艺节水是提高农田水分利用率的重要措施之一，它是根据种植区域的气候条件、地形地貌、经济条件等因素，选择适宜的品种、耕作方式和种植方式，采用合理的施肥、灌水、覆盖、化学调控等措施，抑制土壤水分蒸发和减少作物整个生育期水分过分消耗，提高作物产量，最终达到节水、高产、高效的目的。农艺节水技术措施主要包括耕作保墒、覆盖保墒、秸秆还田增肥保水、水肥耦合、调整作物布局和选用节水型品种、化学调控等技术措施（孙博，2013）。由于农艺节水技术是农民传统耕作技术的改进和提高，具有投资少、见效快、易实施、易掌握等特点，因而更加容易使农户接受，具有大范围、大面积推广应用的基础。在实际生产中，为使农艺节水大范围发挥实效，体现节水的实质，农艺节水需要与农业生产过程紧密联系在一起。

二、生理节水

生理节水是植物生理范畴的节水，使作物自身进行生理调节适应干旱环境。主要体现在培育抗旱性作物品种、深耕栽培、叶面喷施植物生长调节剂等方面。利用品种间水分利用率和抗旱性能的差异性，通过培育耐旱性品种，可以达到节水、高产的目的（杨佐文，2012）；针对深厚土层的旱地农田，通过深耕栽培，使作物根系下扎，可以充分利用土壤储水（樊军，2003）；通过喷施适量植物生长调节剂（如黄腐酸）可使叶片气孔开度减小和蒸腾降低，同时，可以提高光合效率和增强根系活力，有利于增产增收（马志云，2011）。

三、工程节水

工程节水是以节水为目的而实施的工程建设项目，目标是以最低限度的水量，获得最大的产量，提高生产效益和经济效益；目前主要应用在农田水利节水灌溉方面，如喷灌、滴灌、微灌技术等（尹飞虎，2018）。其中，喷灌是利用一套专门的设备将灌溉水加压或利用地形高差自压，并通过管道输送压力水至喷头，喷射到空中分散成细小的水滴，像天然降水一样落到地面，随后主要借毛细管力和重力作用渗入土壤灌溉作物的灌水方法。微灌是按作物需水要求，通过有压管道系统与安装在末级管道上的特制灌水器，将水和作物生长所需的养分以较小的流量均匀、准确地直接输送到作物根部附近的土壤表面或土层中的灌水方法（王贤，2003）。具有灌水流量小，一次灌水延续时间长，灌水周期短，工作压力低，可精确控制水量，能把水与养分直接输送到作物根部的土壤中去（李宝珠，2008）。滴灌是通过安装在毛管上的滴头、孔口或滴管等灌水器将水一滴一滴地、均匀而又缓慢地滴入作物根区附近土壤的灌水形式（张新星，2014）；靠滴头下面的土壤处于饱和状态，其他部位的土壤处于非饱和状态，土壤水分主要借助毛管张力的作用入渗和扩散，是目前干旱缺水地区最有效的一种节水灌溉方式，不但节水增产，而且可以结合施肥提高肥效。

四、管理节水

管理节水是国家通过出台相关农业节水管理文件，采取管理体制与机构、水价与水费政策、配水的控制与调节、节水措施的推广应用等措施，实现灌溉水资源的合理配置和灌溉系统的优化调度，使有限的水资源获得最大的效益，达到节水增产目的（高传昌，2005）。为大力发展农业节水，促进水资源可持续利用，保障国家粮食安全，2012 年我国印发的《国家农业节水纲要（2012—2020 年）》提出，应加快水利改革发展，推进农业科技创新的决策和部署，以改善和保障民生为宗旨，以提高农业综合生产能力为目标，以水资源高效利用为核心，严格水资源管理，优化农业生产布局，转变农业用水方式，完善农业节水机制，着力加强农业节水的综合措施，着力强化农业节水的科技支撑，着力创新农业节水工程管理体制，着力健全基层水利服务和农技推广体系，以水资源的可持续利用保障农业和经济社会的可持续发展。

第二节　玉米农艺节水措施及抗旱栽培技术原理

一、耐旱品种选育

耐旱品种选育是玉米生物防控，实现抗逆丰产的基础。应用抗旱性、丰产性俱佳的玉米品种，利用其自身组织的功能，提高水分利用率，已成为旱作农业玉米生产的关键措施（刘玉涛等，2006）。国内外一些学者从抗旱性与形态特征、抗旱性与生理生化特征等方面进行了大量探索，提出了鉴定植物抗旱性的众多形态、生长和生理生化指标。20 世纪 60 年代初，提出抗旱系数作为农作物抗旱性综合参数；70 年代对抗旱系数做了改进，提出了敏感指数；80 年代提出抗旱指数；90 年代提出修订的抗旱指数（刘玉涛等，2006）。徐蕊等（2009）以生产上常用的 32 个玉米品种为材料，在 PVC 大棚和旱棚内设干旱胁迫和正常浇水 2 种处理，研究了叶片相对含水量等 24 个指标与玉米抗旱性的关系。结果表明，在 PVC 大棚下，胁迫后株高等指标与抗旱系数、抗旱指数相关极显著，胁迫后穗位高与抗旱指数相关显著。并通过简单相关分析和逐步回归分析筛选出 5 个指标，苗期胁迫后叶片水势和对照比值、抽雄吐丝期胁迫后叶片保水力和对照比值、胁迫后行粒数、单株轴重、百粒重和对照比值。

二、耕作保墒技术

耕作保墒技术是水资源缺乏地区采取的主要措施之一，其主要技术原理是通过耕、耙、耱、锄、压等一整套有效的土壤耕作措施，改善土壤耕层结构，更好地纳蓄雨水，尽量减少土壤蒸发和其他非生产性水分消耗，为作物生长发育和高产稳产创造一个水、肥、气、热相协调的土壤环境（韩连和，2020）。耕作保墒包括蓄墒、收墒、保墒 3 个方面，都是采用或改进各种耕作技术，最大程度接纳大气降水并保蓄土壤水分的农业措施。农艺包括深耕蓄墒、深松蓄墒、耙耱保墒、重镇压提墒、中耕保墒等。在进行耕作保墒中要根据农田的水分存储状况有针对地开展。深耕蓄墒中要根据气候状况、土壤结构等多种因素合理的处理，其深度一般在 20~22cm 区间范围中，对于一些特殊部分则要适当增加深度。同时要合理进行蓄水、除草处理，做好辅助性的处理，进而有效保障土壤中水分的蒸发含量，这样则可以有效控制、减少在地表中的径流量，有效提升水分利用效率。贵州省春玉米播种时期，较易发生春旱，春旱后又容易发生洪涝灾害，合理的应用耕作保墒技术不仅有利于疏松表层土壤，增强土壤活性，更有利于抗旱防汛，提高水资源利用率，确保稳产增产。

三、覆盖保墒技术

目前，在实际生产中，覆盖保墒在农艺节水措施里使用时间较早、普遍性较强。其原理是使用塑料薄膜、秸秆或者其他具有保墒作用的材料对耕地表面进行覆盖，从而在土壤与大气之间形成一层物理阻隔，减少土壤水分蒸发和地表径流，增温保墒，提高水资源利用率。目前，秸秆覆盖和地膜覆盖保墒技术比较常用，适宜用于多种地方，效果比较好。刘跃平等（2003）通过多点多年秸秆覆盖试验得出，秸秆覆盖较常规耕作方式地表径流量减少 57%，土壤侵蚀量减少 55%，蒸发量降低 32%，降水利用率提高 43%，平均增产 29.9%，增值 27.3%。潘爱兵等（2005）认为，在作物生长全生育期，秸秆覆盖可节水 9.2%~24.6%，玉米和大豆平均增产 19.9%；地膜覆盖保水效果优于秸秆覆盖，且地膜覆盖较露地平播显著提高春玉米生长前期水分利用率（卜玉山，2006）。因此，覆盖保墒技术是节水增产的重要措施，也是当前贵州省中、高海拔地区大面积使用地膜覆盖抗旱栽培技术的原因之一。

四、秸秆还田增肥保水技术

秸秆还田增肥保水技术是我国目前大力提倡的环境友好型农业栽培技术。其技术原理是将秸秆粉碎还田以后，使土壤孔隙度增加，渗水能力增强，保墒性能增加，同时，秸秆中的纤维素、半纤维素、木质素和蛋白质等有机质经过多个系列化学过程转化成作物需要的养分，达到增肥保水的效果（辛丰，2009）。前人研究表明（李伟群，2019；黄凯，2019），该项技术不仅可以提高土壤肥力，改善土壤结构，提高土壤通透性，改善农田生态环境，减少化肥施用量，提高农产品品质，还可以杜绝因秸秆焚烧而带来的大气污染问题，是保证农业稳产高产优质和可持续发展的一项重要措施。另外，秸秆还田配施氮肥条件下玉米产量及产量构成因素较秸秆不还田均有增加趋势，且具有较好的蓄水保墒效果，其增产效果提高 20.21%（吴鹏年，2020）；可见，秸秆还田增肥保水对农业节水节肥具有重要的意义。

五、水肥耦合技术

水肥耦合是利用水分和肥料之间的协同效应、拮抗效应和叠加效应，对作物所需的水肥进行合理配合，以水促肥，以肥调水，从而提高水分和肥料利用率，达到高产高效优质的技术措施（徐优，2014）。水肥耦合技术原理主要有以下几个方面：一是水肥最少因子限制原理，作物的正常生长发育，需要各种养分因子，土壤中含量最少的养分因子会直接决定作物产量的高低；二是水肥同等重要原理，水分养分需要合理搭配，缺少任何一项，都会影响作物的生长发育和收获产量；三是水肥协同原理，在干旱胁迫不严重的条件下，养分能显著促进作物生长发育，不仅增强了对水分和养分的吸收能力，而且提高了叶片的净光合速率，降低了气孔导度，维持了较高的渗透调节功能，改善了植株的水分状况，从而促进了光合产物的形成，有利于产量的提高，随着水分胁迫的加剧，养分的促进作用随水分胁迫的加剧慢慢减弱，在土壤严重缺水时甚至表现为负作用，因此，水肥需要协同（石艳，2018；黄明丽，2002）。贵州省不仅在春玉米栽培上应用了水肥耦合技术，在烟草、蔬菜、辣椒上也有利用，且都表现出节水节肥效果（刘方，2014；马娜，2010；崔保伟，2009）。

六、调整作物布局

作物布局是指一个国家、地区或生产单位内种植作物的种类及其面积比例与区域配置或田块配置。调整作物布局必须考虑到自然因素、社会经济因素及技术进步因素，才能充分发挥各地区自然资源和经济条件的优势，提高农作物的品质和产量，取得较好的经济效益、生态效益和社会效益。为了充分利用土地资源，调整作物布局应与复种、轮作、连作、间作、套作等互相联系起来，并选用抗旱品种，选择适宜播期，利用避旱种植制度。通过近年来对农作物种植结构调整情况进行分析研究，认为调整作物布局是现阶段有效的节水途径（李会龙，2002）。贵州省地处世界喀斯特面积最集中的中国西南喀斯特腹心地带，辖区面积近3/4属于喀斯特地区，地块小不规则，合理调整作物布局，不仅有利于农田生态平衡，更有利于节本高效农业的可持续发展。

七、化学调控技术

化学调控技术是指应用植物生长调节剂，通过影响植物内源激素系统，调节作物的生长发育过程，使其朝着人们预期的方向和程度发生变化的技术体系（丁瑞桂，2001）。在节水方面，化学调控技术主要通过对保水剂的利用来实现，当在土壤中使用保水剂时，会很大程度抑制水分的蒸发，减少土壤水分的渗透和流失，保水剂不仅可以节水，还具有节肥、保温和改善土壤结构的作用（王春芳，2019）。但不同类型的保水剂，在生态环保、经济实用和保水能力等方面有差异（李秀君，2002；李希，2014）。

贵州作物生产受到降水多变性、季节性干旱和土壤肥力的制约，发展推广春玉米农艺节水抗旱栽培技术，是实现贵州春玉米节水节肥、增产增收和提质增效的重要技术手段，对贵州省农业可持续发展具有重要的意义。目前，贵州省针对农艺节水技术研究和推广做了大量的工作，并取得了一定的进展，特别是地膜覆盖和秸秆覆盖保墒技术推广上获得了很多经验和成果，提高了农户的积极性，推动了农艺节水的发展。但是农艺节水是一项复杂的系统工程，受自然因素、社会经济因素及技术进步因素的影响较大，一方面农艺节水各项技术措施之间缺乏有效的连接和整合，整体效益难以发挥；另一方面缺乏适宜于贵州不同生态地区农艺节水抗旱栽培技术的标准化、规范化技术规程，可操作性难以统一。因此，未来贵州春玉米农艺节水抗旱栽培技术发展趋势是结合自身山地特色农业的优势，学习借鉴国内外高新先进技术，根据贵州不同生态地区气候条件，品种类型，开发出适宜贵州省地方特色的标准化、规范化、精细化、信息化、智能化的农艺节水综合技术体系和应用模式，最大程度地提高社会效益、经济效益和生态效益。

参考文献

崔保伟，2009. 烤烟对水分养分胁迫的响应及水氮效应的研究 [D]. 贵阳：贵州大学 .

丁瑞桂，2001. 作物化学调控技术 [M]. 南昌：江西科学技术出版社 .

樊军，郝明德，2003. 旱地农田土壤剖面硝态氮累积的原因初探 [J]. 农业环境科学学报，22（3）：263-266.

高传昌，王兴，汪顺生，等，2013. 农艺节水技术研究进展及发展趋势 [J]. 南水北调与水利科技，11（1）：147-151.

高传昌，吴平，2005. 灌溉工程节水理论与技术 [M]. 郑州：黄河水利出版社 .

韩连和，2020. 玉米高产蓄水保墒耕作技术 [J]. 现代农业（2）：61.

韩思明，史俊通，杨春峰，等，1993. 渭北旱塬夏闲地聚水保墒耕作技术的研究 [J]. 干旱地区农业研究（S2）：46-51.

黄凯，王娟，何万春，等，2019. 秸秆还田量对土壤和马铃薯产量及水分利用效率的影响 [J]. 甘肃农业科技，519（3）：30-35.

黄明丽，邓西平，白登忠，2002. N、P 营养对旱地小麦生理过程和产量形成的补偿效应研究进展 [J]. 麦类作物学报，22（4）：74-78.

贾洪雷，马成林，刘昭辰，等，2005. 东北垄作蓄水保墒耕作体系与配套机具 [J]. 农业机械学报，36（7）：32-36.

贾洪雷，2005. 东北垄作蓄水保墒耕作技术及其配套的联合少耕机具研究 [D]. 吉林：吉林大学 .

李宝珠，2008. 微灌工程干管环状管网模式研究 [D]. 杨凌：西北农林科技大学 .

李会龙，张广录，刘慧涛，2006. 基于 RS 和 GIS 的节水农业作物布局调整研究 [J]. 节水灌溉（5）：6-8.

李秀君，2002. 几种新型抗旱保水剂在玉米上的应用效果 [J]. 甘肃农业科技（1）：19-20.

李伟群，张久明，迟凤琴，等，2019. 秸秆不同还田方式对土壤团聚体及有机碳含量的影响 [J]. 黑龙江农业科学，299（5）：33-36.

刘方，龙永根，刘元生，等，2014. 旱期水肥耦合对贵州山区辣椒生长及产量的影响 [J]. 中国土壤与肥料（6）：59-62.

刘玉涛，邱振英，王宇先，等，2006. 春玉米抗旱性鉴定指标比较研究 [J]. 玉米科学，14（4）：117-120.
刘跃平，刘太平，刘文平，等，2003. 玉米整秸秆覆盖的集水增产作用 [J]. 中国水土保持（4）：35-36.
马娜，2010. 润湿灌溉条件下水氮耦合对黄瓜生长的影响 [D]. 贵阳：贵州大学 .
马志云，胡智丹，陈雷，等，2011. 两种抗蒸腾剂对栀子花叶片气孔行为及水分利用效率的影响 [J]. 北京水务（4）：11-14.
年自力，郭正友，雷波，等，2012. 农业用水户的水费承受能力及其对农业水价改革的态度——来自国家农业节水纲要（2012—2020 年）[J]. 农业技术与装备（23）：6-9.
潘爱兵，王瑞萍，2005. 秸秆覆盖节水灌溉技术的增产机理与效果 [J]. 山西水土保持科技（2）：19-20.
卜玉山，苗果园，周乃健，等，2006. 地膜和秸秆覆盖土壤肥力效应分析与比较 [J]. 中国农业科学，39（5）：1069-1075.
曲军，孙丽丽，2009. 浅谈农艺节水技术 [J]. 中国新技术新产品（11）：231.
石艳，2018. 水肥耦合改善我国粮食主产区作物产量与品质的研究进展 [J]. 南方农业，12（17）：134，136.
孙博，2013. 特殊土壤结构节水机理研究及行业节水评价 [D]. 西安：西安理工大学 .
王春芳，李喜凤，张晓莲，等，2019. 保水剂在农业生产应用上的研究进展 [J]. 现代农业科技（12）：199.
王吉贞，2020. 农田水利工程节水灌溉技术的改造探析 [J]. 科学技术创新（15）：106-107.
王贤，2003. 微灌技术应用与分析 [J]. 山西水利（3）：32-33，38.
吴鹏年，王艳丽，侯贤清，等，2020. 秸秆还田配施氮肥对宁夏扬黄灌区滴灌玉米产量及土壤物理性状的影响 [J]. 土壤，52（3）：470-475.
辛丰，2009. 果园秸秆还田增肥保水抗寒 [J]. 农业知识：瓜果菜（12）：36.
徐蕊，王启柏，王滨，等，2009. 玉米品种抗旱性评价体系研究 [J]. 玉米科学，17（2）：102-107.
徐优，王学华，2014. 水肥耦合及其对水稻生长与 N 素利用效率的影响研究进展 [J]. 中国农学通报，30（24）：17-22.
杨佐文，2012. 宁夏固原市原州区旱作农业增产潜力及提高途径 [J]. 畜牧与饲料科学，33（9）：70-71.

尹飞虎，2018. 节水农业及滴灌水肥一体化技术的发展现状及应用前景 [J]. 中国农垦（6）：30-32.

张新星，杨振杰，彭云，等，2014. 我国节水灌溉的现状与分析 [J]. 安徽农业科学，42（33）：11972-11974.

张洁，吕军杰，王育红，等，2008. 豫西旱地不同覆盖方式对冬小麦生长发育的影响 [J]. 干旱地区农业研究，26（2）：94-97.

玉米农艺节水抗旱栽培技术研究方法

第一节　玉米抗旱品种鉴选的方法

近年来，随着我国杂交育种技术的发展，玉米品种出现多、乱、杂的现象。从栽培技术方面，筛选抗旱性高、产量潜力高的玉米品种，有助于高效利用农田水分，是实现玉米增产农民增收的重要途径之一。从育种技术方面，利用生物技术，挖掘抗旱基因，选育抗旱性强、适应性强的杂交种是提高产量的主要途径。目前，国内外对玉米抗旱品种鉴选的研究较多，主要包括大田直接筛选法、小环境模拟法和实验室研究法。

一、大田直接筛选法

主要是通过控制土壤含水量的高低，测定干旱胁迫下玉米产量和相关农艺性状指标，计算出抗旱性指数，再通过隶属函数法、主成分分析法和聚类分析法等进行综合性分析，从而筛选出抗旱性品种及评价指标。这种方法简单直接，易于操作，但受到环境因素的影响较大，且比较费时费力。闫伟平等（2017）以 15 个玉米品种为试验材料，运用玉米产量抗旱指数为主要筛选指标，结合雌雄开花间隔天数、植株生长性状、果穗性状和产量性状指标，筛选出强抗旱品种郑单 1002 和吉单 50；周玉乾等（2016）采用大田干旱胁迫法对玉米品种陇单 9 号、先玉 335、陇单 10 号和沈单 16 进行了抗旱性及灌浆期光合特性的研究，得出先玉 335 抗旱性较强；张雪婷等（2018）通过测定玉米在水分胁迫条件下的产量、农艺性状及生理指标，以抗旱系数为基础，结合主成分分析、抗旱指数和抗旱隶属函数，综合评价玉米品种的抗旱能力，结果得出五谷568的抗旱性较优。尹光华等（2011）通过产量和水分利用效率指标，得出郑单958和辽单565两个品种产量和水分利用效率较高，适宜于东北半干旱区种植。

二、小环境模拟法

在大棚或人工气候箱中，利用盆栽法沙培、水培、土培、基质培养，溶液渗透胁迫模拟干旱环境，通过人工控制土壤含水量，研究干旱胁迫条件下，玉米生长发育和生理生化过程的变化，从而对玉米的抗旱性进行鉴定和评价，进而筛选出抗旱性品种（尹光华等，2011）。此种方法结果可靠，可以设置多种处理，便于比较，可以为大田种植提供指导依据，但由于多数采用盆栽模拟法，根系生长易受限制，对产量的影响较大。田山君等（2014）采用盆栽和营养液2种不同培养方式对30个西南地区大面积种植的杂交玉米品种进行PEG模拟干旱胁迫的苗期试验，通过隶属函数法筛选出雅玉10号、正红311等8个抗旱品种。刘玉涛等（2006）利用抗旱棚盆栽法，筛选出耐旱系数、抗旱指数、保绿度等春玉米抗旱性鉴定指标。杜彩艳等（2015）通过盆栽试验，在玉米苗期、开花期和灌浆期，测定8个品种的株高、叶面积、根冠比、SOD酶、POD酶和MDA等与抗旱性有关的14个表型性状和生理生化指标，采用抗旱系数法和隶属函数值法，对各指标性状进行了干旱胁迫下的抗性评价和鉴定，结果得出云瑞47、云优105和甜玉2号3个品种具有较强抗旱能力。

三、实验室研究法

主要用于育种方面，利用分子克隆技术或者分子生物学方法鉴定和筛选出大量抗旱相关性SSR位点、QTL位点以及SNP位点，同时鉴定出与抗旱性相关的基因（Zheng，et al.，2004；牟颖熙，2014）。迄今为止，玉米中多个抗旱性状被定位，且连锁图谱等相关信息也在不断完善中，这种方法受环境影响较小，可靠度较高，虽然成本费用较高，但从长远看这种方法的应用可为抗旱育种工程提供可靠的基因资源和技术支持（刘过，2020）。姜南等（2020）采用数量性状的主基因+多基因遗传模型分析方法对苗期玉米苗高、根鲜重、地上鲜重、根干重、地上干重、根长、鲜重根冠比、干重根冠比性状的抗旱系数进行遗传分析，结果得出，苗高、根鲜重、地上鲜重、根干重、地上干重、根长的最适遗传模型为 2MG-A，主要由两对加性主基因控制；鲜重根冠比和干重根冠比的最适遗传模型为 MX2-ADI-AD，主要由两对加性 - 显性-上位性主基因 + 加性 - 显性 - 多基因控制，为玉米抗旱育种提供了参考依据。

第二节　玉米避旱种植制度和适宜播期研究的方法

一、避旱种植制度

避旱种植制度就是针对某个地方降水和干旱特点，尽量避开干旱季节，充分合理地利用农业资源，正确处理好作物与作物间、作物与土壤间的关系，尽量采用先进技术，实行科学种田，用地养地紧密结合，保持良好的农业生态环境，达到稳产高产、年年丰收的目的。在以往的研究中，通过收集近年来当地的气象数据以及农作物的生育期资料，采用多目标模糊优化理论、红绿灯评价方法、交互式模糊多目标优化以及灰色多目标规划等方法对数据统计分析、处理和评价，得出最佳的避旱种植制度，从而实现“无灾保收益，有灾保成本”。如隋月等（2012）通过南方地区 30 年气象资料及统计数据，通过层次分析法对各干旱地区的种植模式综合效益进行分析评价，得出半干旱区在干旱年型下，宜采取马铃薯-玉米-甘薯或冬小麦 - 中稻-甘薯抗旱种植模式；半湿润区在干旱年型下，宜采取冬小麦-中稻-甘薯种植模式；在典型的季节性干旱区，西南地区宜搭配抗旱作物进行三熟制种植，如冬小麦-玉米-甘薯。曲辉辉等（2010）基于湖南省代表站点 1981—2007 年的气候数据和作物生育期资料，依据干燥度和地形地势特点，划分不同类型区，并在各区域内选取代表站点和代表性种植制度，采用联合国粮农组织（FAO）推荐的分段单值平均作物系数法订正了作物系数。比较了主要种植制度的作物需水与自然降水适配度及作物需水与自然降水适配度保证指数，确定了湖南省基于自然降水的防旱避灾种植制度。

前人的研究中一方面只考虑自然降水对作物需水的满足程度，忽略了地下水及灌溉条件等因素对作物生长发育和种植制度的影响；另一方面只考虑了经济效益，很少考虑到社会效益和生态效益。因此，针对贵州省季节性干旱的现状，应该综合考虑各方面因素，合理调整种植制度，选用能充分利用降水资源的种植制度，确保防旱避灾，促进增产稳产。

二、玉米适宜播期的研究方法

适宜的播种期是制订合理栽培管理方案的关键，可以确保作物生长发育与当地最佳光温条件同步，充分利用当地的光、温、水等气候资源，并减少长时间低温、干燥、阴雨等灾害的影响，是作物实现高产的必要条件（孟林等，2015）。对玉米适宜播期的研究，一直是科研工作者关注的对象，探究出多种研究方法，比如大田播期试验法、气候指标法、最佳季节法、作物模型法等。

1. 大田播期试验法

大田播期试验法是比较传统的方法，针对特定区域设置不同播种时期，根据玉米生长发育指标及产量，来选择适宜播期。这种方法比较直观，易于操作，但持续的试验周期较长，成本较高，仅仅适用于试验所在地，受来年气候变化的影响较大，难以确定最佳适宜播种期。高永刚等（2020）研究表明，适期播种可充分利用光、温、水等气候资源，净光合速率和水分利用效率较高，促进光合效率，干物质积累及转化，显著增加产量。刘明等（2009）通过探讨不同播期春玉米生长发育与气候条件的关系，结果表明，不同播期的春玉米生长发育和产量都存在显著差异，5 月 15 日是华北平原地区春玉米获得高产的最佳播期，并提出合理安排播期，重视降水对春玉米生长发育及产量形成的影响，是春玉米获得高产的重要措施。

2. 积温指标法

积温指标法明确作物适宜播期，一般是假定土壤湿度适宜，某作物品种从播种到出苗的积温需求是恒定的，在满足气象条件时，再结合当地的地力水平、土壤墒情、品种特性、茬口情况适时播种（崔彦生，2008）。这种方法多数是用来确定小麦的最佳播种期，主要依赖于前人对其他农作物适宜气象指标的研究，容易受到气候变化和品种更换的影响，但比大田试验法更具有可靠性（阎殿文，1984）。刘永花（2014）通过对不同熟期玉米品种积温需求的定量研究，发现随着播期的推迟，不同熟期玉米活动积温逐渐减少。

3. 最佳季节法

在确保玉米成熟的基础上，依据玉米生长发育进程与最佳季节同步原理，运用知识工程和数学建模方法，使抽雄吐丝关键期处于最佳光温水生态条件下的概率最大，结合茬口安排和品种熟性等综合考虑，从而确定最佳播种期。使用这种方法需要考虑灌浆期内不利温度条件的影响，否则会影响最终试验结果。郭银巧等（2006）运用知识工程原理和数学建模技术，通过定量计算玉米品种特征值与生态环境因子和生产需求之间的符合度，建立了玉米适宜品种选择动态知识模型，依据玉米生长发育进程与最佳季节同步原理，建立了玉米适宜播期确定知识模型，并对播期模型进行了实例验证，具有较好的决策性和普适性。

4. 作物模型法

作物模型法是通过综合考虑光、温、水、气等气象资料，运用参数校准及模型检验等来确定最佳播种期。与最佳季节法相比，作物模型法不仅用到温度、日照、降水等气象资料，还对作物模型的参数进行校准和检验，使其结果更加准确可靠。在国内外对最佳播种期的研究中，作物模型法研究较多，白帆等（2020）在东北10个不同气候区利用调参验证后的APSIM-Maize模型模拟各年代不同播期下春玉米潜在产量和气候生产潜力，综合高产和稳产性指标，明确了不同区域各年代不同条件下适宜播期范围。戴明宏等（2008）通过对DSSAT4.0中CERES-Maize模型进行参数校正和验证的基础上，利用华北地区具有代表性的10个气象站30年的气象资料以及华北地区典型的土壤数据展开模拟，结果得出，不同气候带玉米的适宜播种期有差异，在5月上旬至6月中上旬播种（夏播）较适宜。

第三节　玉米覆盖保墒和秸秆还田增肥保水技术的研究方法

一、玉米覆盖保墒技术的研究方法

覆盖保墒技术是20世纪60年代从美国、日本、意大利等国引进的一项栽培保护农业技术，现在全国各地都在广泛使用，通过地膜覆盖、秸秆覆盖减少土壤水分蒸发，提高水分利用率，节约水资源。该项技术的应用促进了农作物对深层水分加以吸收与利用，创造了良好的土壤水分条件，特别是在干旱地区，节水增产效果十分明显。

1. 地膜覆盖

地膜覆盖因其保温、保水、保肥效果较好，能很大程度上抑制杂草生长和减少病虫的危害，是覆盖保墒技术中使用最多的一种，目前对多种覆膜方式都进行了研究，所有地膜覆盖方式均能提高水分利用率，促进玉米的生长，有利于增产增收，但不同地膜覆盖方式之间有差异，如邓浩亮等（2020）研究表明，隔沟覆膜垄播具有垄沟集雨的优势，显著提高了春玉米产量和经济效益。高玉红等（2012）研究得出，全膜双垄沟播较全膜垄作沟播、半膜双垄沟播、半膜平铺穴播和露地穴播更有利于提高产量。综合前人研究发现，有利于集雨的覆膜方式，对水分的利用较高，流失较少，能防止白天耕层土壤温度过度上升和晚上温度过度下降，更利于提高作物产量（李尚中等，2010）。

2. 秸秆覆盖

前人已经对秸秆覆盖做了大量的研究，对促进农作物生长发育有很多作用，是实现农业可持续发展的栽培技术措施之一。一是对表层土温变化有明显的调节作用，在低温时有增温作用，高温时有降温作用；二是有一定的抑蒸保墒作用，可提高作物水分利用效率；三是对促进土壤团粒结构形成具有较大作用，改善了土壤通透性和保水保肥性；四是培肥地力的作用，可使土壤有机质、速效磷和速效钾含量得到明显提高（巩杰等，2003）。秸秆覆盖和地膜覆盖各有优缺点，秸秆覆盖更有利于增加土壤养分和微生物数量，但不利于机械化播种，地膜覆盖更有利于土壤增温保湿，但不能增加土壤养分（吴婕等，2006）；秸秆覆盖有利于农业资源的循环利用，可避免焚烧带来的环境污染和资源浪费，地膜覆盖产生的残留在土壤里面的地膜不仅给田间管理带来不便，而且还破坏土壤的耕层结构（卜玉山等，2006）。对于秸秆覆盖，如何加快秸秆的腐解速度，减少腐解时间，研制专业播种机械是今后研究的主要趋势，还应继续深入开展无污染生物降解膜的研究。

二、玉米秸秆还田增肥保水技术的研究方法

秸秆还田是目前我国大力提倡的一项环保农业新技术，秸秆还田有很多好处，一是增加土壤中的有机成分，培肥地力，保证农业增产增收；二是改善土壤结构，增强土壤的保水、保肥、保温和透气性能；三是可替代部分化肥，减少化肥施用量，提高农产品品质，改善农田生态环境；四是优化环境，能杜绝因秸秆焚烧而带来的环境污染问题，有利于农业的可持续发展。目前，对秸秆还田的研究较多，主要有秸秆直接还田、秸秆替代部分化肥还田、不同耕作方式下还田和秸秆还田腐解规律等方面。

1. 秸秆直接还田

直接把作物秸秆的整秆或者粉碎后的颗粒秸秆直接翻耕入土用作基肥的措施。由于秸秆直接还田的成本低，因此，直接还田方式的研究和实际生产使用较多。丛萍等（2020）通过对粉碎与颗粒秸秆高量还田研究得出，粉碎秸秆对养分元素比例的提高具有长期缓释效应，秸秆颗粒还田具有短期快速效应，秸秆高量深埋还田显著提高亚耕层土壤有机碳含量，可以作为北方黑土层增厚培肥的主要措施。穆心愿等（2020）认为，秸秆还田能维持玉米花后较高的叶面积指数，有利于玉米花后维持较高的干物质生产能力，优化干物质积累与分配特性，进而提高籽粒产量，同时也提出不同基因型玉米对秸秆还田量的响应有很大差异，在推广秸秆还田时，不仅要考虑秸秆还田量，还要考虑作物遗传因素对秸秆还田效应的影响。

2. 秸秆还田配施化肥增效技术

在实际生产中，受到传统施肥方式的影响，普遍认为增施化肥是提高作物产量的重要手段，但近年来研究表明，我国化肥用量几乎呈直线上升，但产量增长速度远远低于化肥用量的增加，因此开展秸秆还田配施化学肥料增效技术研究有重要的意义。吴鹏年等（2020）研究得出，秸秆还田（12 000kg/hm^2）配施纯氮（300kg/hm^2）蓄水保墒效果好，其增产效果显著；李小牛（2020）研究得出，氨化秸秆还田量 0.9kg/m^2 时，中度盐碱地节水保水效果最佳，有利于产量的提高；张美玲等（2020）研究表明，秸秆还田配施镁肥可以使玉米整个生育期持续吸收镁元素，促进了干物质积累量及产量提高，达到了减施增效的结果。

3. 不同耕作方式下秸秆还田

通过采用旋耕、深翻耕和间套作等不同耕作方式进行作物秸秆还田，对土壤养分、作物生长发育和产量形成等都有不同影响。韩上等（2020）研究得出，深耕或者旋耕条件下，秸秆还田可提高作物产量并改善耕层薄化及土壤理化性质；王廷峰等（2019）研究表明，玉米套作及秸秆还田处理可以有效改善草莓连作土壤的养分状况和微生物群落结构，缓解连作土壤碱化和次生盐渍化。

4. 秸秆还田腐解剂

目前，我国机械粉碎秸秆还田在全国推广的进程较慢，主要集中在北方地区，由于秸秆长度和还田深度的增加会导致秸秆的腐解率下降（王廷峰等，2019），不仅影响春季耕作，还影响作物的出苗，因此，逐步开展了对秸秆腐解剂及秸秆腐解规律的研究。杨欣润等（2020）研究表明施用腐秆剂可有效促进还田秸秆的腐解，秸秆种类和土壤有机质含量会显著影响腐秆剂的促腐作用强度，秸秆促腐率与作物增产率之间呈现显著正相关关系。添加剂可加速秸秆的腐解，减缓秸秆腐解产物的流失和后期水分的散失，从而达到增肥保水的效果（曲晓晶等，2020）。

第四节 玉米水肥耦合技术研究的方法

在农业生产中，水、肥、气、热相互协调是保证农作物高产高效生产的重要因素，其中，在大田生产中，水肥是可通过人工控制的重要农业资源，水是使肥效得到发挥的关键，肥是实现高产的重要前提。但水肥不协调会影响作物的总代谢水平及其对环境抗逆性，进而影响产量的提高（李超等，2016；郝小琴等，2014；张铭，2019）。目前，我国对玉米水肥耦合技术的研究主要有田间试验法和模拟试验法（于亚军等，2005），在产量提高、氮肥淋失、水肥耦合模型建立等方面取得了一定的研究成果。

一、田间试验法

田间试验法在水肥合理利用、产量提高、模型建立等方面取得了较多研究成果，其优点在于试验所在地的光、温、水、气等条件与大田更接近，得出的试验结论对农业大规模生产更具有指导意义。缺点是除了受土壤养分、pH 值和病虫害等可控变量影响外，气候条件难以控制，随机性较强，试验结果的准确性不高。

1. 产量和水分利用率研究

水肥的合理利用是提高粮食作物产量的关键措施之一，王士杰等（2020）在辽西半干旱区研究指出，在自然降水条件下，灌溉量 43~61mm、施氮量 138~343 kg/hm^2、施钾量 79~163kg/hm^2 时，更有利于提高春玉米产量；王美荣等（2018）在内蒙古地区通过进行沙地水肥耦合对玉米生长发育研究得出，全生育期玉米灌水量为 2 250m^3/hm^2，施氮量为 225kg/hm^2 时产量最高，水分利用率最大；薛文强等（2020）在滨海盐碱地研究得出，滴灌量为 288mm，施氮量为 96kg/hm^2 有利于提高春玉米产量和水肥利用效率；刘方等（2019）研究得出，作物耗水量随灌水量的增加而增加，但水分利用效率逐渐降低，灌水量相同时，水分利用效率随着施氮量的增加而增加，施氮量相同时，制种玉米的产量随着的灌水量的增加而增大。综合前人的研究，不同地区实现玉米高产的最佳适宜灌水量和施肥量有一定的差异，但多数研究主要集中在水氮耦合上，应加强水分和磷肥、钾肥等耦合研究。

2. 氮肥淋失研究

只有适宜的水分和肥料得到充分利用，才能促进作物根系的生长发育，增加根系与土壤的接触面积，扩大作物吸收土壤养分强度和数量，增大作物对水分的利用空间，增加蒸腾量，减少蒸发量和氮肥的淋失。李法云等（2001）对水肥耦合最优饱和试验研究表明，灌水量低时，氮肥容易以铵态氮的形式挥发损失，当灌水量超过 460mm 时，过量施氮可能会导致硝态氮深层淋溶，造成对地下水的环境污染。吴现兵等（2019）对甘蓝研究也得出相似结论，施肥时灌水量较大易引起硝态氮和铵态氮向深层淋失，当施氮量 300~400kg/hm^2 时，作物收获后土壤表层硝态氮残留量较大。因此，有效利用有限的水资源，减施化肥，实施有机肥替代化肥，减少氮肥淋失，提高肥料利用率和水分利用率，降低生产成本，需要农业科研工作者长期研究和示范推广。

3. 玉米水肥耦合模型建立

水肥耦合模型的建立主要采用多元回归方程，以作物产量为因变量，灌水量和施肥量为自变量建立的水肥回归模型，通过计算机检验和分析得出高产水平下最佳的组合方案，马建蕊等（2018）采用三因素五水平二次通用旋转组合设计方法，对膜下滴灌玉米的水、氮、磷用量进行了研究，得出不同灌水量、施氮量和施磷量与产量的回归模型：

$$Y=1\ 1540.24+983.29x_1+4.95x_2+264.26x_3+401.95x_1x_2-158.53x_1x_3+378.61x_2x_3-380.73x_1^2-354.38x_2^2-426.9x_3^2$$

式中：Y 为玉米的预测产量，x_1、x_2、x_3 分别为线性变换后的灌溉定额、施纯氮量和纯磷量的无因次变量。

灌水量和施氮量对产量的耦合影响显著，各因素间的耦合作用对产量的影响顺序为水氮 > 氮磷 > 水磷；尤以高氮配高水，中氮配中磷产量较高。田军仓等（2004）采用了同样的分析方法，虽然建立水肥耦合模型不一样，但通过计算分析后得出的结论一致。贺冬梅等（2014）采用偏最小二乘回归法，以产量作为目标函数因变量，以田间持水量（W）、施氮量（N）、施磷量（P）、施钾量（K）作为自变量，经 DPS 统计软件分析，求得产量与自变量的数学回归模型：

$$Y=-062.36+376.30W+38.72N+50.23P+174.21K+42.48W^2-0.46N^2+0.73P^2-12.76K^2-14.46WN-24.27WP-30.14WK-1.58NP-2.68NK-8.77PK$$

经过 DPS 统计软件分析，其最优水肥耦合模型：田间持水量即水分为 100%、氮为 15.73（kg/ 亩）、磷为 6.006（kg/ 亩）、钾为 1.435（kg/ 亩）。通过前人研究表明，虽然水肥耦合模型有差异，但可以得出水肥耦合程度对玉米产量的影响不是简单的累加作用，而是复杂的耦合效应，因此，需对水肥耦合模型的建立继续开展研究，并不断检验和示范推广，为玉米生产节水减肥、节本增收提供技术支撑。

二、模拟试验法

模拟试验法主要在大棚采用盆栽试验进行，研究水肥耦合对水分利用率、农艺性状和产量等指标的影响，以及水肥最优模型的建立，其优点在于水肥条件易于控制，不受自然季节气候的影响，方便管理，试验的精确性也较高，但结论直接运用于指导大田实际生产比较困难。

1. 产量和水分利用率研究

模拟试验由于根系生长的范围不如大田广阔，因此产量主要作为参考指标，温利利等（2012）采用旱棚盆栽试验方法，研究了模拟不同降水年型下肥与水耦合对夏玉米生物学特性和产量的影响，得出灌水量为 350mm，施氮量为 180kg/hm^2，施钾量为 120kg/hm^2，玉米产量最高。吕刚等（2005）在三峡库区对春玉米盆栽水肥耦合试验研究表明，适宜水分和中氮处理下玉米的产量最高，水和钾耦合效应对玉米产量影响不显著，水分是影响玉米产量的主导因素，其次是氮效应和钾效应。李广浩等（2015）采用旱棚盆栽试验研究得出，在田间持水量为 75% ± 5% 的土壤条件下，控释尿素施氮量以纯氮 210kg/hm^2 为最佳；在田间持水量为 55% ± 5% 的土壤条件下，控释尿素施氮量以纯氮 315kg/hm^2 为宜。

2. 氮肥淋失研究

采用模拟试验法进行水肥耦合试验，氮肥残留量比田间试验法相对较多，表观损失量较少，氮肥基本不会淋失；如果在大田试验情况下，残留的部分氮肥会随着灌溉或降水淋失到地下，不仅使得水肥难以得到充分利用，而且引起地下水污染。在以往对氮肥淋失研究方面，水肥耦合模拟试验得出结果基本与田间试验一致，如汪玉磊等（2008）通过盆栽试验研究得出，氮肥效益的发挥与水分状况密切相关，水分严重亏缺时，氮肥的利用率低，残留和损失量较高。

3. 玉米水肥耦合模型建立

通过模拟试验建的模型，和田间试验相似，基本以产量为因变量，由于产量在模拟试验中，不能最大限度提高，干物质积累量有时也作为因变量来进行建立模型，仲爽等（2009）通过玉米水肥耦合盆栽试验，以产量为因变量（Y），建立了不同水肥（氮，X_1）组合条件下玉米产量和耗水量（X_2）的关系模型：

$$Y=6\ 364.79+1\ 619.47X_1+863.13X_2+141.17X_1X_2-209.19X_1^2-212.41X_2^2$$

通过模型分析得出：水氮具有相互促进的作用，影响顺序为水 > 氮，灌水量保持田间持水量的 95.13%，施氮量为 243kg/hm^2 时，有利于获得高产。张作合等（2014）采用盆栽试验方法，建立了不同水氮组合条件下玉米干物质积累量（Y）的回归模型：

$$Y=-4.677+18\ 666X_1+0.509X_2-10.607X_1^2+0.183X_1X_2-0.080X_2^2$$

由模型得出，水（X_1）、氮（X_2）两因素对苗期干物质积累呈显著正效应，大小顺序为水 > 氮。

第五节　抗旱保水剂的应用研究

化学调控技术是人们为了使作物朝着人们预期方向或目标生长而采取的一系列调控手段，通过使用外源植物生长调节剂来调控植物内源性激素的含量，从而增强植物抗逆性，在水肥利用中使用化学调控制剂，实现优化土壤性能、提高水肥利用率、促进农作物健康成长的目标（袁新茹，2018；张晓明，2017）。化学调控技术主要包括抗蒸腾剂的应用、抗旱保水剂的应用、土壤改良剂的应用等，本节着重介绍抗旱保水剂的研究与应用。

一、抗旱保水剂的应用方法

抗旱保水剂是一种独具三维网状结构的有机高分子聚合物，具有吸水、贮水、放水的性能。应用方法主要有包衣、蘸根、基质培育、穴施、沟施等，就玉米而言，可以通过穴施方式使用中等粒径的抗旱保水剂来提高土壤的水肥保蓄能力，其在土壤里能够将雨水或浇灌的水迅速吸收并保住，变为固态水而不流动不渗失，长久保持局部恒湿，干旱时，又能将所固定的水分缓慢地释放出来供植物利用，维持周围的水分平衡，持续供给作物（李布青等，2004；刘效瑞等，1988）。

二、抗旱保水剂的应用研究

近年来，市场上出现了多种抗旱保水剂，许多科研工作者陆续开展较多的筛选试验，如周志刚等（2007）在半干旱地区抗旱保水剂筛选试验表明，不同保水剂对玉米生长发育、产量及水分生产效率影响有差异，并筛选出唐山博亚保水拌种粉可作为玉米抗旱保苗技术集成的抗旱保水剂品种。另外，在水肥保蓄应用研究方面取得了一定的成果，主要体现在以下 3 个层面（杨培岭，2013）。

一是将水肥蓄持在作物根系层。雷锋文等（2019）研究得出，在同等淋水量的情况下使用保水剂可减少 65% 的水分流失，氮、磷、钾养分流失可减少 89% 以上；李世坤等（2007）研究表明，使用复合保水剂后能够较对照减少淋出液体积，显著降低氮磷钾的累计淋溶率；白岗栓等（2020）通过对不同种类保水剂研究得出，聚丙烯酸钾和聚丙烯酰胺保水剂均可降低 0~40cm 土层土壤容重，在烤烟旺长期提高 0~40cm 土层土壤水分。

二是水肥释放数量和释放时间与作物各生育时期吸收养分的规律相一致，使水肥的利用效率最大化。将保水剂与养分元素混合制成保水剂缓释肥，既能达到水肥保蓄效果，又能使养分元素缓慢释放，利于作物充分吸收，如程明轩等（2019）以腐殖酸钾、硅藻土、丙烯酸为原料，N，N′- 亚甲基双丙烯酰胺为交联剂，过硫酸钾为引发剂，制备了腐殖酸钾-硅藻土-聚丙烯酸型保水缓释肥；王赫等（2019）以埃洛石纳米管为无机填料，以尿素为氮源，分别以天然高分子红薯淀粉、海藻酸钠、羧甲基纤维素钠为原料，制备了复合保水缓释肥料；毛小云等（2006）在保水剂中加入某些矿物和作物养分可制成有机-无机复合保水肥；这些保水剂缓释肥通过试验研究表明能明显降低肥料的淋溶损失量，其抗淋失的保肥性能与塑料包膜尿素相当，显著提高水肥利用率，但保水剂缓释肥缺乏中试研究，产业化水平低，许多难以被工厂直接应用。

三是提高产量和改善品质。吴阳生等（2019）研究表明，抗旱保水剂可提高玉米出苗率，不同土层含水量，叶片叶绿素含量、净光合速率、气孔导度和蒸腾速率，进而提高玉米产量和籽粒品质。刘礼等（2020）研究得出，施用保水剂能有效缓解玉米生长前期的干旱胁迫，显著提高叶面积指数、叶绿素含量、光合速率、蒸腾速率以及地上部干物质累积量，降低玉米籽粒败育率，使秃顶长变小，同时玉米穗长、穗粒数以及单穗重增加，从而提高旱地玉米产量。

随着科技的不断发展，化学调控技术已经成为广大科研工作者研究和关注的热点，抗蒸腾剂、土壤改良剂、保水剂在农业生产中的应用已经逐步多样化，出现了与化肥、农药和作物秸秆混合使用等多种方式，随着化学调控技术的长期推广应用，是否会对土壤养分和环境污染产生影响，需要进一步关注和深入研究。

参考文献

白帆，杨晓光，刘志娟，等，2020. 气候变化背景下播期对东北三省春玉米产量的影响 [J]. 中国生态农业学报，28（4）：480-491.

白岗栓，何登峰，耿伟，等，2020. 不同保水剂对土壤特性及烤烟生长的影响 [J]. 中国农业大学学报，25（10）：31-43.

程明轩，2019. 多功能微生物腐殖酸缓释肥料的制备 [D]. 西安：陕西科技大学 .

丛萍，逄焕成，王婧，等，2020. 粉碎与颗粒秸秆高量还田对黑土亚耕层土壤有机碳的提升效应 [J]. 土壤学报，57（4）：811-823.

戴明宏，陶洪斌，廖树华，等，2008. 基于 CERES-Maize 模型的华北平原玉米生产潜力的估算与分析 [J]. 农业工程学报，24（4）：30-36.

崔彦生，韩江伟，曹刚，等，2008. 冬前积温对河北省中南部麦区冬小麦适宜播期的影响 [J]. 中国农学通报，24（7）：195-198.

杜彩艳，陈拾华，杨艳鲜，等，2015. 云南主栽玉米品种抗旱性鉴定与评价 [J]. 干旱地区农业研究，33（4）：181-189.

邓浩亮，张恒嘉，肖让，等，2020. 覆膜种植方式对陇东旱塬区春玉米产量的影响 [J]. 干旱区资源与环境，34（8）：200-208.

巩杰，黄高宝，陈利顶，等，2003. 旱作麦田秸秆覆盖的生态综合效应研究 [J]. 干旱地区农业研究，21（3）：69-73.

高玉红，牛俊义，徐锐，等，2012. 不同覆膜方式对玉米叶片光合、蒸腾及水分利用效率的影响 [J]. 草业学报，21（5）：178-184.

高永刚，高明，赵慧颖，等，2020. 播期对玉米光合特性及产量的影响 [J]. 中国农学通报，36（30）：19-27.

郭银巧，郭新宇，赵春江，等，2006. 玉米适宜品种选择和播期确定动态知识模型的设计与实现 [J]. 中国农业科学，39（2）：274-280.

郭永召，姚则羊，郭家宝，等，2020. 黄淮海流域粮食生产肥料使用现状分析 [J]. 河北农业科学，24（4）：96-100.

郝小琴，姚鹏鹤，高峥荣，等，2014. 低温胁迫对微胚乳超甜超高油玉米耐寒性生理生化特性的影响 [J]. 作物学报（8）：1470-1484.
韩上，卢昌艾，武际，等，2020. 深耕结合秸秆还田提高作物产量并改善耕层薄化土壤理化性质 [J]. 植物营养与肥料学报，26（2）：276-284.
贺冬梅，2014. 偏最小二乘回归应用及最优玉米水肥耦合模型建立 [J]. 中国农业信息（21）：52-53.
姜南，王淇，张默，等，2021. 玉米苗期抗旱性状的主基因和多基因遗传分析 [J]. 分子植物育种，19（3）：881-888.
李布青，郭肖颖，何传龙，等，2004. 抗旱保水剂在小麦种子包衣上的应用 [J]. 安徽农业科学，32（6）：1131-1132.
李法云，宋丽，2001. 水肥耦合作用对土壤养分变化及春小麦生长发育的影响 [J]. 辽宁大学学报（自然科学版），28（3）：263-267.
李广浩，赵斌，董树亭，等，2015. 控释尿素水氮耦合对夏玉米产量和光合特性的影响 [J]. 作物学报，41（9）：1406-1415.
李尚中，王勇，樊廷录，等，2010. 旱地玉米不同覆膜方式的水温及增产效应 [J]. 中国农业科学，43（5）：922-931.
李小牛，2020. 不同氨化秸秆还田量对盐碱地土壤水盐因子及玉米生长发育的影响 [J]. 中国农村水利水电，448（2）：123-126.
李超，唐海明，汪柯，等，2016. 栽培模式对南方丘陵红壤旱地春玉米生理生化特性及产量的影响 [J]. 华南农业大学学报，37（4）：13-17.
李世坤，毛小云，廖宗文，2007. 复合保水剂的水肥调控模拟及其肥效研究 [J]. 水土保持学报，21（4）：112-116.
吕刚，史东梅，2005. 三峡库区春玉米水肥耦合效应研究 [J]. 水土保持学报，19（3）：192-195.
刘风，2019. 水肥耦合对土壤水分及制种玉米产量的影响 [J]. 甘肃农业科技（6）：41-45.
阎殿文，1984. 用积温法确定适宜播期 [J]. 山西农业科学（7）：16.
刘过，2020. 玉米抗旱生理生化特性及差异表达基因分析 [D]. 保定：河北农业大学 .
刘礼，孙东宝，王庆锁，2020. 不同保水剂对旱地春玉米生长发育和产量的影响 [J]. 干旱地区农业研究，38（3）：262-268.

刘玉涛，邱振英，王宇先，等，2006. 春玉米抗旱性鉴定指标比较研究 [J]. 玉米科学，14（4）：117-120.

刘明，陶洪斌，王璞，等，2009. 播期对春玉米生长发育与产量形成的影响 [J]. 中国生态农业学报，17（1）：18-23.

刘效瑞，伍克俊，王景才，等，1988. 土壤抗旱保水剂应用效果 [J]. 甘肃农业科技（3）：22-23.

刘永花，2014. 不同熟期玉米品种积温需求定量研究 [D]. 太原：山西农业大学 .

雷锋文，符颖怡，廖宗文，等，2019. 保水剂构件的保水保肥效果研究 [J]. 水土保持通报，39（3）：151-155.

马建蕊，田军仓，沈晖，等，2018. 扬黄灌区膜下滴灌玉米水肥耦合模型及产量效应研究 [J]. 中国农村水利水电（4）：10-14，20.

毛小云，李世坤，廖宗文 . 2006. 有机-无机复合保水肥料的保水保肥效果研究 [J]. 农业工程学报，22（6）：45-48.

孟林，刘新建，邬定荣，等，2015. 华北平原夏玉米主要生育期对气候变化的响应 [J]. 中国农业气象，36（4）：375-382.

牟颖熙，刘艳，王国英，等，2014. 一个玉米旱敏感突变体的遗传分析与基因定位 [J]. 植物遗传资源学报，15（3）：615-619.

穆心愿，赵霞，谷利敏，等，2020. 秸秆还田量对不同基因型夏玉米产量及干物质转运的影响 [J]. 中国农业科学，53（1）：29-41.

卜玉山，苗果园，周乃健，等，2006. 地膜和秸秆覆盖土壤肥力效应分析与比较 [J]. 中国农业科学，39（5）：1069-1075.

曲辉辉，杨晓光，张晓煜，等，2010. 基于作物需水与自然降水适配度的湖南省防旱避灾种植制度优化 [J]. 生态学报，30（16）：4257-4265.

曲晓晶，孙大雁，吴南，等，2020. 添加剂对不同还田深度秸秆腐解及周际土壤环境的影响 [J]. 水土保持学报，34（2）：261-268.

隋月，黄晚华，杨晓光，等，2012. 气候变化背景下中国南方地区季节性干旱特征与适应Ⅰ. 降水资源演变特征 [J]. 应用生态学报，23（7）：1875-1882.

田军仓，韩丙芳，李应海，等，2004. 膜上灌玉米水肥耦合模型及其最佳组合方案研究 [J]. 沈阳农业大学学报（Z1）：396-398.

田山君，杨世民，孔凡磊，等，2014. 西南地区玉米苗期抗旱品种筛选 [J]. 草业学报，23（1）：50-57.

吴婕，朱钟麟，郑家国，等，2006. 秸秆覆盖还田对土壤理化性质及作物产量的影响 [J]. 西南农业学报，19（2）：192-195.
吴鹏年，王艳丽，侯贤清，等，2020. 秸秆还田配施氮肥对宁夏扬黄灌区滴灌玉米产量及土壤物理性状的影响 [J]. 土壤，52（3）：470-475.
王廷峰，赵密珍，关玲，等，2019. 玉米套作及秸秆还田对草莓连作土壤养分及微生物区系的影响 [J]. 江苏农业学报，35（6）：1421-1427.
王蕾，王福林，段彤彤，等，2020. 黑龙江省玉米秸秆还田腐解规律的研究 [J]. 农机化研究，42（9）：24-31.
王士杰，尹光华，李忠，等，2020. 浅埋滴灌水肥耦合对辽西半干旱区春玉米产量的影响 [J]. 应用生态学报，31（1）：139-147.
王美荣，闫建文，史海滨，等，2018. 沙地水肥耦合对玉米生长及产量的影响 [J]. 节水灌溉（6）：16-19.
吴现兵，白美健，李益农，等，2019. 水肥耦合对膜下滴灌甘蓝根系生长和土壤水氮分布的影响 [J]. 农业工程学报，35（17）：110-119.
温利利，刘文智，李淑文，等，2012. 水肥耦合对夏玉米生物学特性和产量的影响 [J]. 河北农业大学学报，35（3）：14-19.
汪玉磊，杨劲松，杨晓英，2008. 水肥耦合对冬小麦产量、品质和氮素利用的影响研究 [J]. 灌溉排水学报，27（6）：31-33.
王赫，2019. 基于埃洛石的复合保水缓释肥料的制备及表征 [D]. 郑州：河南工业大学 .
吴阳生，王天野，王呈玉，等，2019. 施用保水剂对半干旱地区玉米生长发育的影响 [J]. 华北农学报，34（S1）：64-68.
薛文强，2020. 水肥耦合对滨海盐碱地土壤水盐分布及春玉米生长影响的试验研究 [D] 西安：西安理工大学 .
杨欣润，许邶，何治逢，等，2020. 整合分析中国农田腐秆剂施用对秸秆腐解和作物产量的影响 [J]. 中国农业科学，53（7）：1359-1367.
于亚军，李军，贾志宽，等，2005. 旱作农田水肥耦合研究进展 [J]. 干旱地区农业研究，23（3）：220-224.
杨培岭，廖人宽，任树梅，等 . 2013. 化学调控技术在旱地水肥利用中的应用进展 [J]. 农业机械学报（6）：106-115.
闫伟平，边少锋，张丽华，等，2017. 半干旱区抗旱丰产玉米品种的评价及筛选

[J]. 东北农业科学，42（3）：1-5.
尹光华，沈业杰，亢振军，等，2011. 辽西半干旱区抗旱高产玉米品种筛选 [J]. 中国农学通报，27（1）：195-198.
袁新茹，2018. 解析化学调控技术在旱地水肥利用中的应用进展 [J]. 农业与技术，38（12）：40.
张雪婷，杨文雄，柳娜，等，2018. 甘肃西部抗旱型玉米品种的综合评价及筛选 [J]. 核农学报，32（7）：1281-1290.
张美玲，耿玉辉，曹国军，等，2020. 秸秆还田下施镁对土壤交换镁及春玉米镁素积累和产量的影响 [J]. 水土保持学报，34（3）：226-231，237.
张晓明，2017. 作物化学调控研究进展 [J]. 现代农业科技（10）：135-136.
张铭，2009. 钾肥不同施用量对玉米主要生理、生化指标的影响研究 [D]. 长春：吉林大学 .
张作合，张忠学，林彦宇，2014. 玉米苗期不同水氮处理的耦合效应试验研究——以黑龙江省为例 [J]. 农机化研究，36（8）：180-184.
仲爽，李严坤，任安，等，2009. 不同水肥组合对玉米产量与耗水量的影响 [J]. 东北农业大学学报，40（2）：44-47.
周玉乾，寇思荣，连晓荣，2016. 甘肃敦煌绿洲区干旱胁迫下玉米抗旱性与灌浆期光合特性 [J]. 干旱地区农业研究，34（4）：112-117.
周志刚，陈明琦，藏健，等，2007. 半干旱地区不同抗旱保水剂对玉米出苗和生长的影响 [J]. 内蒙古农业科技（4）：57-58.
ZHENG J，ZHAO J F，TAO Y Z，et al.，2004. Isolation and analysis of water stress induced genes in maize seedlings by subtractive PCR and cDNA macroarray[J]. Plant Molecular Biology，55：807-823.
MOU Y X，LIU Y，WANG G Y，et al.，2014. Genetic Analysis and Gene Mapping of a Maize Drought Sensitive Mutant[J]. Journal of Plant Genetic Resources，15（3）：615-619.

贵州春玉米农艺节水抗旱栽培技术研究

第一节　玉米品种萌发期抗旱性评价

我国玉米 2/3 的面积分布在丘陵旱地或平原旱地上，因此春季干旱是影响旱作玉米正常播种与出苗的关键问题（路贵和，2005）。种子萌发阶段是作物能否在干旱条件下完成生育周期的关键时期之一，不仅会影响其本身的播种质量，同时也可能会影响到植株的正常生长发育（王艺陶，2014）。近年来，随着机械单粒播种技术的快速推进，干旱地区玉米种子萌发期抗旱性显得尤为重要。用 PEG-6000 渗透方法模拟干旱胁迫具有操作简便，重复性好，稳定性强等特点，适用于大批量品种（系）进行萌发期耐旱快速鉴定（张健，2007），成为研究种子萌发期抗旱性的重要方法。在评价萌发期抗旱性指标体系的研究中，Bouslama 等（1984）最早提出种子萌发抗旱指数后，发芽率、发芽势和萌发抗旱指数等作为玉米、小麦、水稻、苜蓿等作物萌发期抗旱性评定指标。前人利用各指标与种子萌发抗旱指数的相关性大小将其进行分级以突出不同指标在评价萌发期抗旱性中的重要程度，并通过相关性分析将贮藏物质转运率、活力抗旱指数、相对发芽率、相对发芽势、相对胚芽长和相对胚根长等作为玉米、谷子等萌发期抗旱性鉴定指标。此外，种子活力、幼苗成活率与种子吸水速率也常被列入评价作物萌发期抗旱性的指标系统中。在抗旱性综合评价方法中，灰色关联度法、五级评分法、聚类分析法、模糊数学隶属函数法、主成分分析法等常用于作物萌发期指标筛选与抗旱性综合性评价（崔静宇等，2019）。

前人在玉米主产区对玉米萌发期抗旱性进行了评价。崔静宇等（2019）对河南省推广10个玉米品种进行萌发期抗旱性综合评定，表明其抗旱性强弱依次为浚单29、蠡玉35、五谷704、吉祥1号、先玉335、博优989、郑单958、伟科702、农玉2号、登海605。成锴等（2017）以52个春播玉米为材料，运用渗透压为0.5MPa的PEG-6000模拟干旱胁迫，测定各品种发芽率、耐旱萌发指数等10个鉴定指标。以鉴定指标的相对值作为抗旱性评价指标，应用多种分析方法对各指标进行比较分析并对品种进行综合评价和分类，将供试品种分成强抗旱型、中等抗旱型、干旱敏感型及干旱极敏感型4个等级，筛选出17个抗旱品种。吴晨等（2017）以9个辽宁省主栽玉米品种为材料，研究不同程度干旱胁迫对玉米种子萌发特性的影响。各品种的发芽率、发芽势、萌发指数、贮藏物质转运率、胚芽长及胚根长在干旱胁迫条件下均明显降低，不同品种间存在差异。抗旱性较强的品种为抚玉20和富友99，干旱敏感品种为丹玉39和郑单958。

目前对贵州春玉米主栽品种及新品种萌发期抗旱性研究鲜见报道，为此本研究收集了20个具有生产代表性的品种，采用PEG模拟干旱胁迫条件，综合评价种子萌发期的抗旱性，为贵州春玉米抗旱品种鉴定和选用提供理论依据。

研究通过PEG模拟干旱胁迫条件，分别配置PEG浓度为10%（轻度干旱胁迫）、15%（中度干旱胁迫）、20%（中度干旱胁迫）、25%（重度干旱胁迫）、30%（重度干旱胁迫）的溶液，对照为清水培养；处理第4d计算相对发芽势、第7d计算相对发芽率，第8d测量胚根长与胚芽长，烘干后称量干物重，计算根冠比，通过种子萌发抗旱指数（表4-1）和模糊隶属函数法（表4-2）对玉米各项指标进行综合评价。

表4-1　不同PEG浓度下种子萌发抗旱指数

编号	T1	T2	T3	T4	T5	编号	T1	T2	T3	T4	T5
1	0.83	0.74	0.51	0.50	0.11	6	0.52	0.59	0.04	0.00	0.04
2	1.10	1.39	0.76	0.00	0.07	7	1.56	1.07	1.51	0.49	0.29
3	0.42	0.33	0.21	0.00	0.00	8	1.10	0.59	0.17	0.24	0.00
4	0.71	0.64	0.50	0.08	0.00	9	0.91	0.48	0.42	0.16	0.00
5	1.36	1.27	0.79	0.12	0.00	10	0.74	0.55	0.30	0.16	0.07

（续表）

编号	T1	T2	T3	T4	T5	编号	T1	T2	T3	T4	T5
11	0.55	0.41	0.06	0.00	0.00	16	0.85	0.11	0.00	0.00	0.00
12	0.95	1.11	0.58	0.44	0.13	17	1.58	0.38	0.78	0.51	0.23
13	0.74	0.74	0.58	0.08	0.03	18	0.87	1.24	0.60	0.87	0.36
14	0.15	0.49	0.25	0.23	0.00	19	1.31	1.39	1.03	1.59	0.71
15	0.45	0.29	0.19	0.00	0.00	20	0.07	0.95	1.10	0.52	0.00

注：编号 1~20 品种名称分别为金贵单 3 号、贵单 8 号、金玉 306、金玉 838、黔单 16、黔丰 18 号、成单 30、正红 311、正红 505、靖单 10 号、靖单 13 号、靖丰 18 号、华盛 213、华盛 2000、汉玉 8 号、镇玉 208、京科 665、京科 968、NK718、MC738，表 4-2 同。

表 4-2　抗旱隶属值均值

编号	T1	T2	T3	T4	T5
1	0.55	0.55	0.59	0.58	0.55
2	0.58	0.59	0.60	0.00	0.25
3	0.34	0.30	0.42	0.00	0.00
4	0.19	0.24	0.36	0.15	0.00
5	0.36	0.31	0.22	0.19	0.00
6	0.26	0.35	0.31	0.02	0.04
7	0.33	0.26	0.49	0.35	0.22
8	0.66	0.62	0.36	0.60	0.00
9	0.29	0.18	0.25	0.21	0.00
10	0.51	0.37	0.18	0.25	0.23
11	0.27	0.26	0.19	0.00	0.00
12	0.39	0.42	0.29	0.29	0.25
13	0.41	0.54	0.58	0.17	0.23
14	0.11	0.29	0.31	0.37	0.00
15	0.27	0.20	0.10	0.00	0.00
16	0.28	0.18	0.00	0.00	0.00
17	0.66	0.45	0.69	0.53	0.11
18	0.58	0.72	0.59	0.68	0.56
19	0.37	0.42	0.54	0.63	0.59
20	0.23	0.34	0.59	0.50	0.17
均值	0.38	0.38	0.38	0.28	0.16

注：通过系统聚类分析对玉米各项指标进行综合评价，筛选抗旱性强的品种。

由图4-1至图4-5可知，在10%PEG浓度下，可将20个玉米品种分为3类，第一类：贵单8号，均值3.18，为抗旱品种；第二类：京科665、成单30，均值2.39，为中等抗旱品种；第三类：MC738、华盛2000、汉玉8号、靖单13号、靖丰18号、黔单16号、正红505、正红311、京科968、靖单10号、金贵单3号、金玉306、镇玉208、金玉838、NK718、华盛213、黔丰18号，均值2.12，为不抗旱品种。

在15%PEG浓度下，将20个玉米品种分为3类，第一类：贵单8号，均值2.79，为抗旱品种；第二类：黔单16号、NK718、成单30、靖丰18号、京科968、华盛213、MC738、汉玉8号、镇玉208、金玉306、靖单10号、金玉838、靖单13号、正红505、正红311、金贵单3号、京科665、华盛2000，均值1.97，为中等抗旱品种；第三类：黔丰18号，均值1.59，为不抗旱品种。

20% PEG浓度下，将20个玉米品种分为3类，第一类：MC738、贵单8号，均值1.84，为抗旱品种；第二类：汉玉8号、华盛213、正红505、黔单16号、金玉838、黔丰18号、京科968、金贵单3号、NK718、京科665、靖单10号、华盛200、正红311、金玉306、镇玉208、靖单13号、黔丰18号，均值1.27，为中等抗旱品种；第三类：成单30，均值1.28，为不抗旱品种。

25%PEG浓度，将20个玉米品种分为3类，第一类：NK718，均值1.46，为抗旱品种；第二类：京科968、京科665、金贵单3号、靖丰18号、MC738、成单30，均值1.31，为中等抗旱品种；第三类：黔单16号、正红505、黔单2000、正红311、华盛213、靖单10号、金玉838、黔丰18号、贵单8号、金玉306、靖单13号、镇玉208、汉玉8号，均值0.45，为不抗旱品种。

30%PEG浓度，将20个玉米品种分为3类，第一类：金贵单3号、京科968、成单30，均值1.46，为抗旱品种；第二类：NK718，均值0.56，为中等抗旱品种；第三类：京科665、靖丰18号、华盛213、靖单10号、黔丰18号、贵单8号、MC738、金玉306、金玉838、黔单16号、正红311、正红505、靖单13号、华盛2000、镇玉208、汉玉8号，均值0.08，为不抗旱品种。

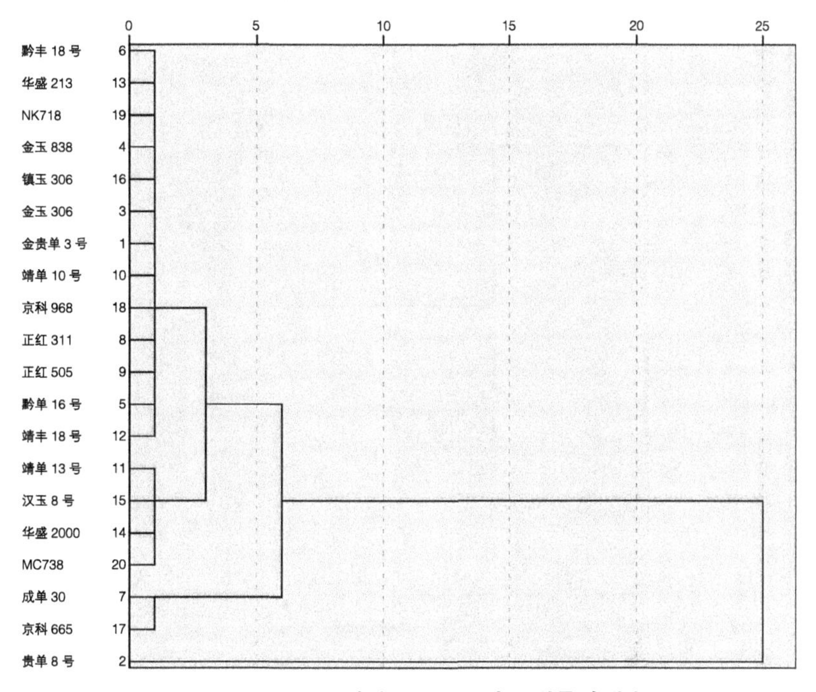

图 4-1 10% PEG 浓度下不同玉米品种聚类分析

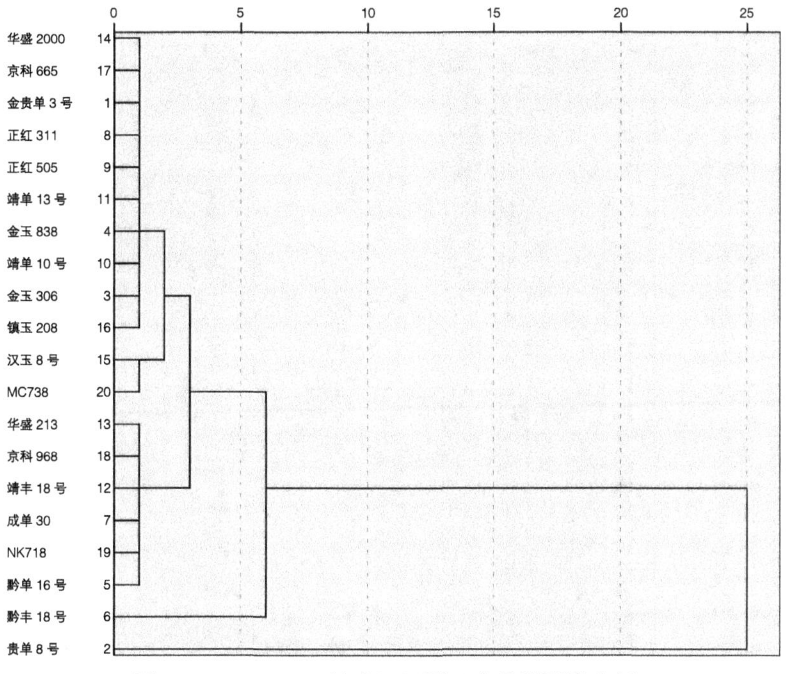

图 4-2 15% PEG 浓度下不同玉米品种聚类分析

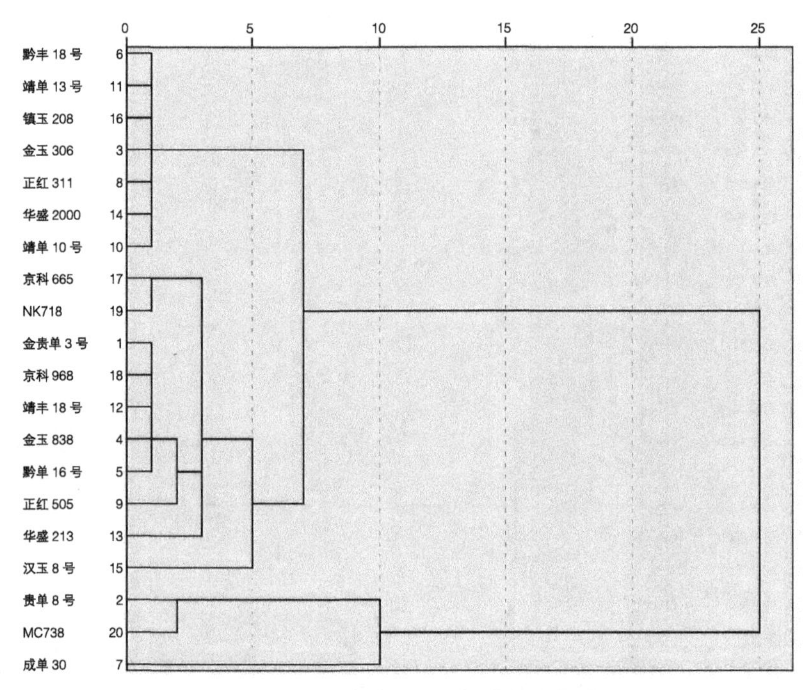

图 4-3　20% PEG 浓度下不同玉米品种聚类分析

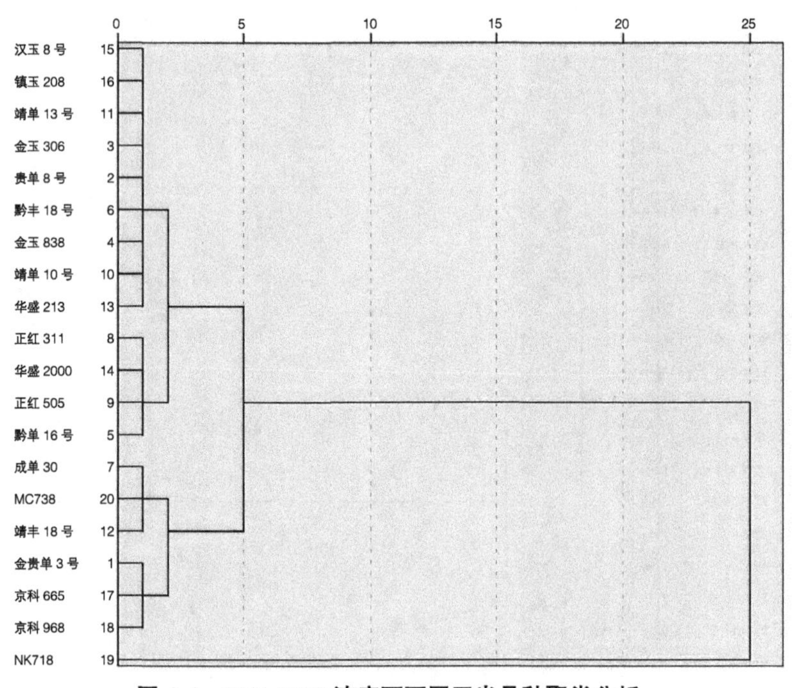

图 4-4　25% PEG 浓度下不同玉米品种聚类分析

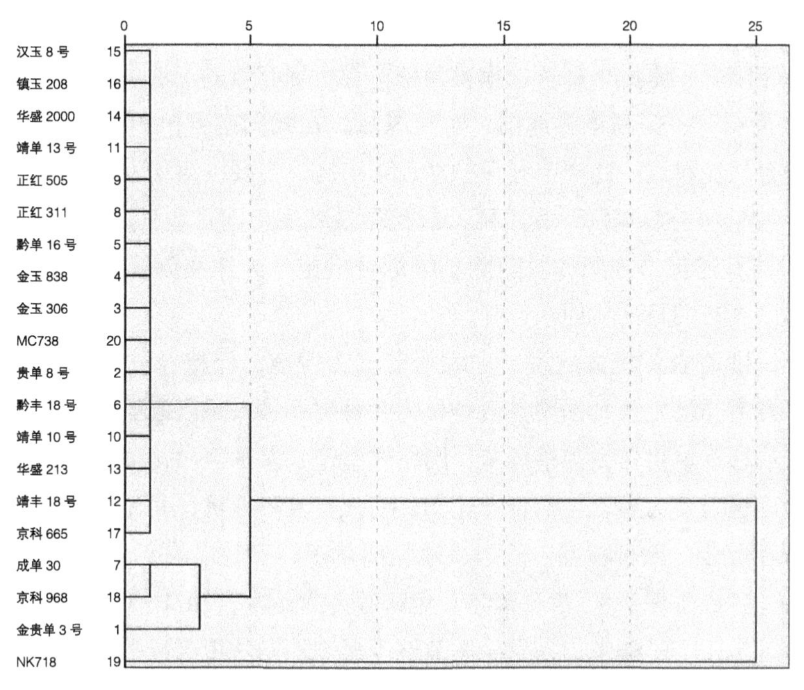

图 4-5　30%PEG 浓度下不同玉米品种聚类分析

综上可知，在轻度干旱胁迫下的抗旱品种为贵单 8 号；中度干旱胁迫下的抗旱品种为 MC738 与贵单 8 号；重度干旱胁迫下的抗旱品种有金贵单 3 号、京科 968、成单 30 与 NK718。抗旱品种较之敏感品种，随着胁迫强度的增加，根冠比逐渐增加，干物重呈先增加后降低趋势，敏感品种的根冠比在轻度胁迫时就达到最大值，随后逐渐降低，干物重呈现快速降低的趋势。

第二节　贵州春玉米避旱耕作制度

耕作制度是缓解干旱、水土流失和土壤贫瘠的重要技术措施。美国从 20 世纪 30 年代开始研究和推广秸秆覆盖垄作和少免耕技术减少土壤蒸发，提高土壤供水保水能力。澳大利亚发展了适雨种植，根据区域降水量确定小麦和牧草轮作制度。中国在长期的实践中创造了各种类型的耕作技术。地域不同，目的不同，方法各异，具有不同的发展层次，以适合各地生产发展的水平和自然条件。70 年代东北地区开始了少耕、免耕的研究和应用，在原有垄作的基础上，发展了“耕松耙相结合、耕耙相结合、原垅[①]播种、掏墒播种”等行之有效的土壤耕作法，其主要作用是保墒、抢农时、提高早春地温、防止风蚀。在我国南方，1980年，侯光炯院士最先提出自然免耕这一高产节源保护性栽培措施，主要围绕稻麦两熟开展免耕并逐步完善了秸秆覆盖栽培制。其主要特点是尽量减少田间作业工序，通过合理轮作，留茬覆盖秸秆还田、施肥和农药除草等综合措施，为作物创造一个良好的生长环境，以达到高产的目的（刘永红等，2011）。

近年，随着农业机械的发展和农村劳动力锐减，保持性耕作成为热点研究课题。保护性耕作措施按其作用性质可分为3种类型：一是以改变微地形为主，包括等高耕作或称横坡耕作，沟垄种植，网格式垄作、垄种区田，坑田等；二是以增加农田或地面覆盖度为主，包括合理轮作、间作、套种混播，间作牧草、覆盖耕作含留茬或残茬覆盖、秸秆覆盖、砂田、地膜覆盖等；三是以改变土壤物理性状为主，包括少耕（含少耕深松）、少耕覆盖、免耕等（薛兰兰，2011）。

南方玉米生产过程中，易发生季节性干旱。不同种植区域根据其生态特点研究应用了不同的避旱减灾耕作制度。四川地区玉米主要种植在坡耕地，坡耕地土层浅薄、水土流失严重，保水保肥能力差，加之不合理的耕作方式，影响玉米和后茬作物的田间管理。针对以上问题，四川省农业科学院研究提出了以保墒培肥为目的的旱地垄播沟覆抗旱减灾耕作的技术。该技术是指播小麦前起垄，小麦垄播；垄沟内冬季培肥或深翻改土，来年春季播种玉米，夏季小麦收获秸秆和玉米收获后秸秆均整秆覆盖在垄沟内；夏季小麦收获后原垄栽插甘薯，甘薯收挖时移垄填埋垄沟，使秸秆还田。并形成新的垄沟种植方式，实现轮耕轮作（杜建斌，2020）。

贵州春玉米主要以与小麦、马铃薯等作物间套作为主，春玉米生产中，严重的春旱和伏旱是重要的制约因素。贵州春玉米避旱减灾耕作制度主要包括聚土垄作节水技术、粮肥分带间（套）作、深耕深翻等。

一、聚土垄作节水技术

在丘陵山区坡耕地上沿等高线聚土起垄种植玉米的聚土垄作节水技术，是通过耕作方法改变土壤表面形态，改善土壤生态环境，有效治理土壤水分、养分、物质的流失，改变耕作熟制，提高土壤的生产力，增加农业产出。该技术有等高横坡聚土起垄栽培技术、等高格网式栽培和绿肥聚垄免耕3种方式，并与微型水系治理工

① 垅为原文引用，垅是垄的旧时用法。

程和多项农业实用技术措施配套应用（李士敏，2008）。

1. 等高横坡聚土起垄栽培

按土壤肥力和坡度确定带幅和垄宽。一般带幅在150~200cm（土壤肥力高，坡度小的地块，带幅宽应为200cm，肥力越低比幅越小），垄宽80cm左右，沿等高线聚土起垄，种植玉米，垄沟两端筑土档拦水，沟中种植马铃薯、蔬菜、豆类等。玉米垄收获后翻犁种植小麦（油菜、蔬菜）。翌年在头年垄沟上聚土起垄种植玉米，收获后种植马铃薯、豆类，实行垄沟对换。配套技术主要有：增施有机肥（在起垄前施于土中再起垄），配方施肥、分带间套轮作、良种配套体系、合理密植、地膜（高寒地区）秸秆覆盖，防治病虫草鼠害等。

2. 等高格网式聚土起垄栽培

玉米仍沿用顺坡种植方式。麦收后“芒种”前，在与玉米行垂直的方向起短垄，栽3行红薯，使红薯厢与玉米行互相垂直，形成格网，降水时雨水大部分滞留在“格网”内，减少地表径流。

3. 绿肥横坡聚垄免耕

该技术主要在贵州高海拔春玉米区应用。沿等高线聚土起垄，并用地膜覆盖于垄上种植玉米，一次施足底肥，只追氮肥，全生育期不中耕除草。预留行间套种绿肥，其播期以8月中下旬为好，品种以箭舌豌豆、早熟苕子和光叶紫花苕为宜。播幅达到40~50cm，过窄，绿肥的鲜草产量低，过宽，绿肥生长后期会对小麦、马铃薯中、下部造成荫蔽，引起病害，降低产量。播种方法最好采取凹槽稀撒匀播，播量每亩7~8kg。来年实行绿肥聚垄免耕播种玉米。其垄沟能拦蓄水分，具有防旱保湿的作用，在连续15d高温后取土测定土壤中的含水量，旱地聚垄免耕盖膜垄上、沟中分别为24.86%、28.13%，而平作为21.86%，垄上、沟中的土壤含水量均比平作增加3.00%、6.27%（刘红梅，1990）。实行绿肥聚垄耕作，对改良农田生态环境，促进玉米增产，效果十分显著，其优越性主要表现在：一是改变地表形态，把坡土变成垄沟相间的小水平梯土，有效地控制水土流失；二是横坡聚垄和粮肥分带聚垄能减少地表蒸发，改土培肥保持地力；三是通过聚垄增厚了活土层，把薄土变成厚土，增强了土壤自身调节水肥的能力，从而有利于玉米稳产高产。

聚土垄作节水技术，通过坡面水系治理、土壤改良、深耕、聚土沃土后，土层增厚10cm，土壤耕层有机质含量由原来的1.10%提高到1.42%，土壤持水能力提高10%，延长抗旱时间7d以上，土壤肥力提高一个等级，天然降水量利用率由原来的9.2%提高到19.2%，提高10%，灌溉水利用率由原来的30.23%提高到45.23%，水分利用率提高15%，土壤改良后保水保肥能力得到明显增强。根据遵义市播州区三合镇水土保持监测点观测：减少地表径流20%，减少流失泥沙79.9%，增加有效氮肥45.5%，磷肥76%，钾肥50.7%，提高土壤蓄水能力60%，延长抗旱天数20d，增产42%，60mm以内的中小强度降水，耕地内不形成径流。该技术的推广平均投入仅0.23元/m^2，是工程投入的5%，其防治水土流失，增加土壤产出基本能达到工程改造的相同效果，是一项费省效宏、具有可操作性的科学措施（李士敏，2008）。

二、旱地分带粮肥间（套）轮作

对玉米来说，在分带条件下，首先，可以减轻小麦、马铃薯等夏收作物对套作玉米生长发育的影响，使玉米可以提早播种或育苗移栽，以避开中后期伏旱的影响，保证玉米稳产增产；其次，可以产生较好的边际效应和方便管理；最后，可以实现地块内“带”与“带”之间玉米与其他作物的合理轮作和间（套）绿肥，做到对耕地的用养结合。

实行分带种植最关键的是确定好分带的带距。其带距确定的依据，一是要有利于周年复合产量提高；二是要有利于主杂粮作物兼顾；三是要有利于作物分带轮作体系的建立；此外，还应有利于节省地膜和方便操作。按照扩行缩株（窝），宜宽不宜窄的原则，双行小麦或者单垄马铃薯分带套作春玉米，带距应控制在1.67~1.83m，双行马铃薯分带，带距加大到2m（麦薯带距，也是玉米带距）。其中套作的两行玉米的密度，基本上靠株（穴）距来调节。在实际应用中，同一块地，最好固定一个带距，以便于不同年份“带”与“带”间的轮作换茬。在分带种植中，小麦的占地应控制在0.67~0.83m，依带距的宽窄而定。马铃薯的占地，其两行间的小行距，不应超过0.4m，以利马铃薯旺长期玉米植株下部叶片的通风透光。原则上，两种前茬的带距和占地安排，都要给玉米留足预留行（宽度）1.1m，使之有利于玉米幼苗的正常生长。实行分带种植小麦、马铃薯的预留行间要尽量套种绿肥。实践证明，实行分带粮肥间（套）作，发展绿肥种植能有效地解决玉米生产有机肥施用不足的矛盾，增加土壤有机质，提高有效养分，促进玉米稳产高产。分带间套（轮）作的旱地，经过间套种植绿肥，可以起到对耕地用养结合和年度间粮肥分带轮换用养的双重作用，提高土壤有机质含量，实现耕地的持续稳产、增产。对套作两季不足，一季有余的山区旱坡地，可发展一季冬绿肥，合理间套轮作，可增加植被覆盖，减少土壤侵蚀。根据遵义市播州区三合试验点的观测，在降水55mm的条件下，覆盖率为40%的比覆盖率为95%的多流失水分64%，泥沙44.3%。在作物配置上充分考虑前后茬的衔接，将蔬菜、豆类、绿肥、薯类等都纳入多熟制中，合理安排种植制度，增加作物覆盖度，减少雨水对土壤表面的直接冲刷，提高地表径流的入渗率，增加耕层土壤含水量，增强抗旱力。

三、深耕深翻增强土壤保墒力

伏、秋早耕、深耕收墒，适时深耕、培土保墒。通过深耕深翻，疏松土壤，改变土壤结构和毛细管的分布，改善耕层土壤空隙度、通透性，减缓深层土壤水的损失，利用良好的土体结构发挥土壤水库强大蓄水作用。根据遵义市播州区三合试验点观测记录，在灰绿页岩土上进行浅耕（20cm）与深耕（30cm）比较，土壤总孔隙度由38.15%提高到46.23%，水分由21.24%提高到25.06%，深耕的地温比浅耕的高0.80℃，由于深耕后可容纳大量水分，形成“土壤水库”，提高了土壤的抗旱能力（李士敏，2008）。

第三节　基于作物生长模型的贵州春玉米适宜播期

不同播期影响玉米生育期内光照、温度、降水等气候因子的匹配关系。明确适宜播期，使玉米各生育阶段处于相对有利的气象条件下，充分发挥光、热、水等气候资源的综合作用，是玉米实现高产的必要条件。通常研究玉米适宜播期主要是利用大田播期试验，但其周期长、成本高且受当年气候条件影响。而结合作物生长模型，利用多年气候资料，则可以作更细致的分析，是将来数字农业的发展方向（许红根等，2018）。

王莉欢（2017）利用水稻生长模型Rice Grow、ORYZA2000与CERES-Rice作为研究工具，研究了我国单、双季稻区不同生态点播期对水稻生育进程及产量的影响，以及未来气候条件下最适播期的变化趋势。米娜等（2016）利用辽宁锦州农田试验站3年分期播种试验数据，在对作物生长模型CERES-Maize进行参数校正与模拟效果检验的基础上，应用模型模拟不同播期下玉米30年（1981—2010年）

的产量，同时应用最佳季节法分析该地区的玉米最佳播期，结合作物模型法的研究结果，提出对最佳季节法的改进办法。许红根等（2018）利用 APSIM 作物模型，分析新疆春播中晚熟区域生产中广泛种植的玉米品种 KWS9384 在不同气象条件下不同播期的产量及其稳定性，并进行实证。结果表明，验证后的 APSIM 模型能够较好地模拟该区域玉米的生产情况。根据 APSIM 模型模拟和播期试验结果，新疆春播中晚熟玉米区 KWS9384 的最适播期为 4 月 20 日至 5 月 5 日。刘玮（2012）以吉林省梨树县 2010 年分期播种试验数据为基础，对作物生长模型 DSSAT v 4.0 进行调参和检验，基于验证后的模型，模拟不同年型下不同播期的产量，从而确定不同年型下东北春玉米的最适播期。结果表明，DSSAT 模型经过调参后能够有效地模拟春玉米的生长发育和产量形成。多年平均的适宜播期为 4 月 21 日至 5 月 15 日。分析不同年型下的适宜播期，以春玉米生育期（5—9 月）降水量进行划分，少雨年型下，梨树县春玉米最适播期在 5 月 2—13 日，正常年型和多雨年型下最适播期大概在 4 月 21—30 日。以生育期大于 8℃活动积温进行划分，偏暖年型下，春玉米最适播期在 5 月 13—23 日，正常年型最适播期在 4 月 21 日至 5 月 5 日，偏冷年型在 4 月 21—30 日。目前未见利用作物生长模型对贵州春玉米进行相关研究的报道。

本研究以黔中地区为例，采用作物生长模型 DSSAT 和 Hybrid-Maize 研究贵州春玉米不同年型下的适宜播期。利用 1985—2014 年贵阳站点共 30 年历史气象数据。参数包括日辐照度、日最高温、日最低温、日降水量、日相对湿度和每日 ET_0、有效积温。根据李少昆等（2011）推荐的黔中地区春玉米适播期（3 月 5 日至 4 月 30 日），设置 5 个播期：①3 月 10 日；②3 月 20 日；③3 月 30 日；④4 月 9 日；⑤4 月 19 日。密度为 53 000 株 /hm^2。用生长模型逐年模拟，统计各播期产量情况，确定常年平均适宜播期。利用生育期 3—10 月内的降水量、有效积温和辐照度分别划分玉米生长的气候年型，分析在各年型下的适宜播期。

一、黔中地区 30 年降水量、温度和辐照度变化趋势

黔中地区 1985—2014 年生育期内（按 3 月 1 日至 10 月 31 日）总的辐照度、温度、降水量和积温等气象因子状况和变化趋势见表 4-3。

表 4-3　30 年气象因子状况和变化趋势

参数	辐照度（MJ/m²）	最高温（℃）	最低温（℃）	降水量（mm）	10~34℃积温（℃·d）	8~34℃积温（℃·d）
最大值	3 122.0	35.1	24.6	1 438.9	2 692.4	3 161.5
最大值年份	1985	1988	1998	2014	1998	1998
最小值	2 384.1	1	−3.5	610.7	2 159.6	2 618.9
最小值年份	2012	1988	1986	2011	2000	2000
标准差	170.9	0.5	0.5	170.7	113.5	115.6
均值	2 772.4	23.5	15.6	976.6	2 380.1	2 845.6
变异系数（%）	6.2	2.1	3.5	17.5	4.8	4.1

二、产量模拟

（一）DSSAT 模拟结果

利用 1985—2014 年的历史气象数据，用 DSSAT 模型逐年模拟 5 个不同播期下的产量，分别得到 30 年的平均值。如图 4-6 所示，3 月中旬产量较低，变异系数大，不适宜播种。3 月下旬至 4 月初，产量有所增加，但变异系数仍较大，年际间产量的波动较大。4 月中旬，产量高，且变异系数小，年际间的产量较稳定。从

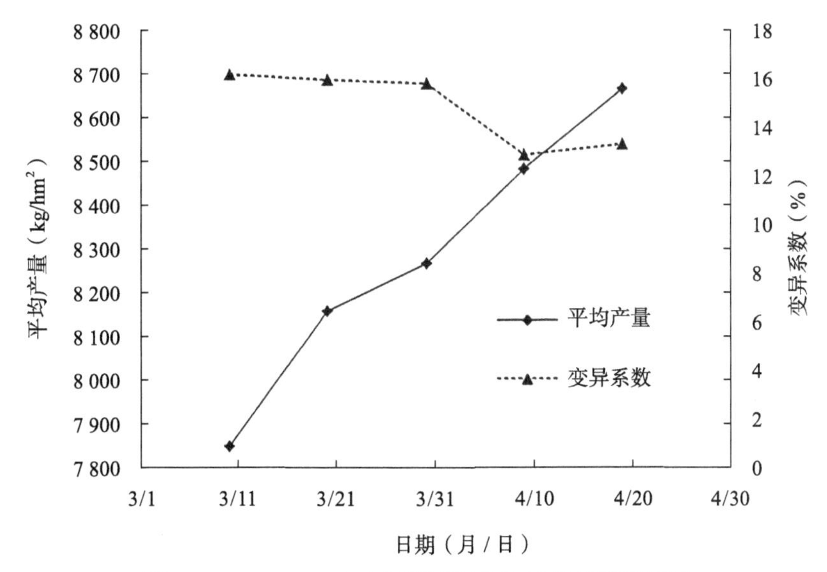

图 4-6　DSSAT 30 年各播期下的平均产量及变异系数

模型模拟的结果看，常年平均产量的适宜播期是 4 月 9—19 日。

（二）Hybrid–Maize 模拟结果

Hybrid-Maize 认为出苗温度过低，因而自动终止 3 月 10—20 日 2 个播期的模拟。剩下 3 个播期的模拟情况与 DSSAT 类似（图 4-7），在 4 月中旬显示出高产量和低变异系数。Hybrid-Maize 模拟的适宜播期也是 4 月 9—19 日。

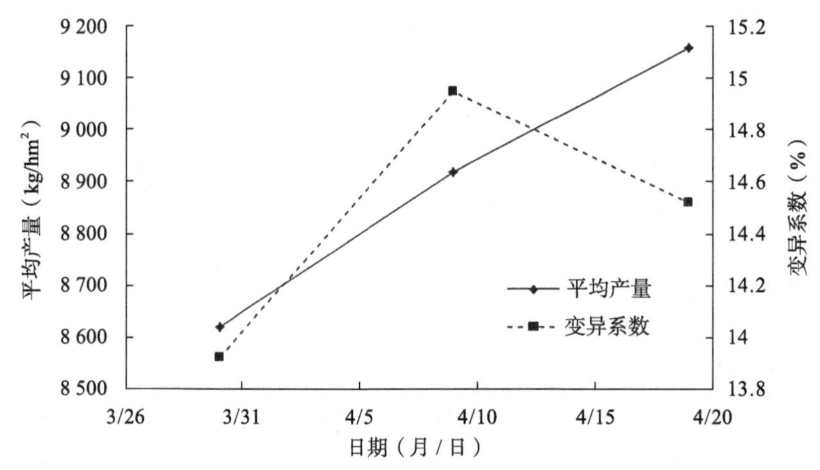

图 4-7　Hybrid-Maize 30 年 3~5 个播期下的平均产量及变异系数

三、各气象年型下春玉米的适宜播期

（一）降水年型的划分

我国日常气象工作中，旱涝等级划分标准常用降水量距平百分率，即所考察时段降水量相对于多年同期降水量平均值的偏离程度。距平法概念直观简明，计算简便，但该指标考虑因素少（如未考虑底墒作用），对平均值依赖大，突变值影响大，响应迟缓，常不能反映出旱涝特征。另一个指标是湿度指标，即假设降水量符合正态分布时的变异系数。该指标对旱涝响应过快，常会夸大旱涝程度。另外，对年尺度下的某时段降水量，更可能是偏态分布，而不是正态分布，只是在年尺度上，随着时间序列的增加，才会越来越接近正态分布（鞠笑生等，1997；李柏贞等，2014）。对某一时段的降水量，用 Pearson Ⅲ型分布（The Pearson type Ⅲ distribution）拟合效果较好（么枕生等，1990），而 Z 指数的使用前提正是假设某时段降水量服从 Pearson Ⅲ型分布，所得结果与实际情况较吻合，尤其适用于单站旱涝指标。

Pearson Ⅲ型概率分布为：

$$P(X)=\frac{\left[\frac{X-\alpha}{\beta}\right]^{\gamma-1}}{[\beta\Gamma(\gamma)]e^{\frac{(X-\alpha)}{\beta}}}$$

本试验针对的降水时段为每年的3—10月，假设该时段降水量服从Pearson Ⅲ型分布，先对此时段降水量X进行标准化处理，再将Pearson Ⅲ概率密度函数转换为以Z为变量的标准正态分布（Kite，1988）：

$$Z_i=\frac{6}{C_s}\sqrt[3]{\frac{C_s}{2}\varphi_i+1}-\frac{6}{C_s}+\frac{C_s}{6}$$

其中，φ_i为降水量的标准化变量，均值为0，方差为1，可去除降水量均值不同造成的影响。C_s为偏态系数，用以检测降水量是否服从正态分布，其值越大，Z指数分析结果越好，越能反映旱涝程度。φ_i和C_s可由降水资料序列计算得到：

$$C_s=\frac{\sum(X_i-\overline{X})^3}{n\sigma^3}$$

$$\varphi_i=\frac{X_i-\overline{X}}{\sigma}$$

其中，

$$\sigma=\sqrt{\frac{1}{n}\Sigma(X_i-\overline{X})^2}$$

$$\overline{X}=\frac{1}{n}\Sigma X_i$$

n为样本数。

依Z值正态分布曲线，将旱涝指标划分为7个等级，见表4-4。

表4-4 Z指数旱涝等级划分

等级	Z值	类型
1	$Z>1.645$	特涝
2	$1.037<Z\leqslant 1.645$	大涝
3	$0.842<Z\leqslant 1.037$	偏涝
4	$-0.842\leqslant Z\leqslant 0.842$	正常

（续表）

等级	Z 值	类型
5	$-1.037 \leqslant Z < -0.842$	偏旱
6	$-1.645 \leqslant Z < -1.037$	大旱
7	$Z < -1.645$	特旱

根据常静等（2015）所做的西南地区的修正，以及本试验的实际情况，这里将旱涝标准划分为 3 个等级，见表 4-5。

表 4-5　用于本试验的 Z 指数旱涝等级

等级	Z 值	类型
1	$Z > 0.542$	偏涝
2	$-0.542 \leqslant Z \leqslant 0.542$	正常
3	$Z < -0.542$	偏旱

1. DSSAT 各降水年型下的春玉米适宜播期

求出各年份的 Z 值后，按表 4-5 的分类标准，将 1985 年至 2014 年 30 个年份分为 1、2、3 等级，在各等级下，分别考察各年份最高产量出现的播期，以数字 1 标示该播期，然后统计在该年型下，该播期出现最高产量的年份个数占该年型年份个数的百分比（表 4-6），以百分比最大者所对应的播期作为该年型下的适宜播期。

表 4-6　不同降水年型下各播期最高产量表现

旱涝等级	年份	Z 值	DSSAT 最高产量播期（以 1 标示）					Hybrid-Maize 最高产量播期（以 1 标示）		
			1	2	3	4	5	3	4	5
1	1988	0.659		1						1
	1991	0.945					1			1
	1993	0.642		1				1		
	1996	0.667					1	1		
	1998	0.870				1				1

（续表）

旱涝等级	年份	Z 值	DSSAT 最高产量播期（以 1 标示）					Hybrid-Maize 最高产量播期（以 1 标示）		
			1	2	3	4	5	3	4	5
1	1999	0.805				1			1	
	2000	1.235	1							1
	2002	0.639				1				1
	2008	1.388					1			1
	2012	0.907				1			1	
	2014	2.440					1			1
	百分比（%）		9.1	18.2	0.0	36.4	36.4	18.2	18.2	63.6
2	1985	0.360				1				1
	1987	−0.400				1				1
	1992	0.153			1					1
	1994	−0.170		1					1	1
	1995	0.009					1			1
	1997	0.274				1			1	
	2004	−0.494	1					1		
	2005	−0.019	1							1
	2006	−0.278					1		1	
	2010	−0.340				1				1
	百分比（%）		20.0	10.0	10.0	40.0	20.0	10.0	30.0	70.0
3	1986	−0.614					1	1		1
	1989	−1.295					1			1
	1990	−1.178		1				1		
	2001	−0.680		1						1
	2003	−0.844				1				1
	2007	−0.878					1		1	
	2009	−1.184			1					1
	2011	−2.401					1	1	1	
	2013	−1.162	1					1		
	百分比（%）		11.1	22.2	11.1	11.1	44.4	44.4	22.2	55.6

对于第1等级年型（偏涝型），共有11年。第3播期没有出现过最高产量，第1播期出现过1次，占9.1%。第2播期出现2次，占18.2%。第4、第5播期各有4年出现最高产量，共占72.8%，具有绝对优势，因此将这2个播期作为“偏涝型”年型的适宜播期，即4月9—19日。另外，在这个年型中，按原始的等级划分标准，2000年和2008年达到了“大涝”等级，它们出现最高产量的播期分别是第1播期和第4播期；而2014年达到了“特涝”等级，它出现最高产量的播期是第5播期。

对于第2等级年型（正常型），共有10年。第2、第3播期各有1次出现最高产量，分别占10%。第1和第5播期各有2次出现最高产量，分别占20%。第4播期有4次达到最高产量，占了40%，远高于其他各播期，因此将第4播期定为“正常型”年型的适宜播期，即4月9日前后。

对于第3等级年型（偏旱型），共有9年。第1、第3、第4播期各出现1次最高产量，分别占11.1%。第2播期有2次，占了22.2%。第5播期共有4次出现最高产量，占到44.4%，远高于其他播期，因此将第5播期定为“偏旱型”年型的适宜播期，即4月19日前后。另外，按Z指数原始的旱涝划分标准，1989年、1990年、2009年和2013年达到了“大旱”等级，它们对应的最高产量分别是第5、第2、第3和第1播期；而2011年达到了“特旱”等级，它所对应的高产播期是第5播期。

2. Hybrid-Maize各降水年型下的春玉米适宜播期

如表4-6所示，对于第1等级年型（偏涝型），11年中第3和第4播期各有2年达到最高产量，分别占18.2%。第5播期有7年达到最高产量，占63.6%。因此把第5播期定为“偏涝型”年型的适宜播期，即4月19日左右。另外，对于“大涝”年2000年和2008年以及“特涝”年2014年，都是第5播期出现最高产量。

对于第2等级年型（正常型），10年中第3播期有1年达到最高产量，占10%。第4播期有3年达到最高产量，占30%。第5播期有7年达到最高产量，占70%。因此将第5播期定为“正常型”年型的适宜播期，即4月19日左右。另外，1994年第4播期和第5播期都达到了最高产量。

对于第3等级年型（偏旱型），9年中第3播期有4年达到最高产量，占44.4%。第4播期有2年达到最高产量，占22.2%。第5播期有5年达到最高产量，占55.6%。因此将第5播期定为“偏旱型”年型的适宜播期，即4月19日左右。另外，在达到“大旱”等级的1989年、1990年、2009年和2013年，它们对应的最高产量分别是第 5、第 3、第 5 和第 3 播期；而在达到“特旱”等级的 2011 年，它所对应的高产播期是第 3 和第 4 播期。

从以上结果看，3 种降水年型的适宜播期都在 4 月 19 日左右。另外，从上面“偏旱型”年型的讨论看，如果去除模型模拟倾向的影响，第 3 播期会是“偏旱型”年型的适宜播期，即 3 月 30 日左右。

（二）积温年型的划分

DSSAT 用于计算有效积温的日均温度范围是 8~34 ℃，Hybrid-Maize 的是 10~34℃，超出范围的日均温度都记作 0。

本试验统计的“年有效积温”是生育期内的有效积温，按每年的 3 月 1 日至 10 月 31 日计。设常年有效积温符合正态分布，将年有效积温标准化：

$$I_i = \frac{E_i - \overline{E}}{\sigma}$$

其中，I_i 为第 i 年有效积温的标准化值，E_i 为第 i 年的有效积温，$\overline{E}$ 为 30 年有效积温的平均值，σ 为 30 年有效积温的标准差。在标准正态曲线图中，以距均值一个标准差的位置来界定正常年份范围，则得界值 ±1，以此来划分积温年型，如表 4-7 所示。

表 4-7　积温年型划分

等级	I 值	类型
1	$I > 1.0$	偏暖
2	$-1.0 \leqslant I \leqslant 1.0$	正常
3	$I < -1.0$	偏冷

1. DSSAT 各积温年型下的春玉米适宜播期

将 30 年气象数据按表 4-7 给出的积温年型划分标准分为 3 个等级，以“1”标示出各年产量最高的播期，统计各播期产量最高的年份个数占该年型年份总数的百分比（表 4-8）。

对于第 1 等级积温年型（偏暖型），共有 4 年。第 1 和第 3 播期没有产生过最高产量。第 2 和第 5 播期各有 1 年出现最高产量，分别占 25%。第 4 播期有 2 年达到最高产量，占 50%。因此将第 4 播期定为“偏暖型”积温年型的适宜播期，即 4 月 9 日左右。另外，1998 年的 I 值超过 2 个标准差，是积温相对很高的年份，它对应的高产播期也是第 4 播期。

对于第 2 等级积温年型（正常型），共有 21 年。第 2 和第 3 播期各有 2 年达到最高产量，分别占 9.5%。第 1 和第 4 播期各有 4 年达到最高产量，分别占 19.0%。第 5 播期有 9 年达到最高产量，占 42.9%，远高于其他播期。因此，将第 5 播期定为“正常型”积温年型的适宜播期，即 4 月 19 日左右。

对于第 3 等级积温年型（偏冷型），共有 5 年。第 3 播期没有出现最高产量。第 1、第 2 和第 5 播期各有 1 次达到最高产量，分别占 20%。第 4 播期有 2 年达到最高产量，占 40%。因此，将第 4 播期定为“偏冷型”积温年型的适宜播期，即 4 月 9 日左右。

表 4-8　DSSAT 不同积温年型下各播期最高产量表现

积温等级	年份	$I_{8℃}$	最高产量播期（以 1 标示）				
			1	2	3	4	5
1	1987	1.4					1
	1990	1.5		1			
	1998	2.7				1	
	1999	1.1				1	
	百分比（%）		0.0	25.0	0.0	50.0	25.0
2	1985	0.7				1	
	1986	0.3					1
	1988	−0.1		1			
	1989	−0.3					1
	1991	0.1					1
	1992	−0.1			1		
	1993	0.3	1				
	1994	0.8		1			
	1995	0.8					1
	1996	0.1					1
	1997	0.2				1	
	2003	−0.5				1	
	2004	−0.9	1				

（续表）

积温等级	年份	$I_{8℃}$	最高产量播期（以1标示）				
			1	2	3	4	5
2	2005	−0.2	1				
	2006	0.8					1
	2007	−0.5					1
	2008	−0.2					1
	2009	−0.1			1		
	2012	−0.9				1	
	2013	0.5	1				
	2014	0.1					1
	百分比（%）		19.0	9.5	9.5	19.0	42.9
3	2000	−2.0	1				
	2001	−1.2		1			
	2002	−1.6				1	
	2010	−1.4				1	
	2011	−1.2					1
	百分比（%）		20.0	20.0	0.0	40.0	20.0

2. Hybrid-Maize 各积温年型下的春玉米适宜播期

如表4-9所示，对于第1等级积温年型（偏暖型），4年中第3、第4播期各有1年达到最高产量，分别占25%。第5播期有2年达到最高产量，占50%。因此将第5播期定为“偏暖型”积温年型的适宜播期，即4月19日左右。另外，1998年I值距平超过2个标准差，是积温相对很高的年份，它的高产播期也在第5播期。

对于第2等级积温年型（正常型），20年中第3播期共有4年达到最高产量，占20%。第4播期有5年达到最高产量，占25%。第5播期有13年达到最高产量，占65%。因此将第5播期定为“正常型”积温年型的适宜播期，即4月19日左右。另外，1986年的第3、第5播期和1994年的第4、第5播期，都分别共同达到了最高产量。

对于第3等级积温年型（偏冷型），6年中第3播期有2年达到最高产量，占33.3%。第4播期有1年达到最高产量，占16.7%。第5播期有4年达到最高产量，占66.7%。因此将第5播期定为“偏冷型”积温年型的适宜播期，即4月19日左右。另外，2000年I值距平近2个标准差，是积温相对很低的年份，它的高产播期也是第5播期。

Hybrid-Maize在3种积温年型下，都是以第5播期为适宜播期，这仍是反映出目前版本的Hybrid-Maize是以温度作为产量模拟的主要驱动，而对其他因素或胁迫考虑不足。

表4-9　Hybrid-Maize不同积温年型下各播期最高产量表现

积温等级	年份	$I_{10℃}$	最高产量播期（以1标示）		
			3	4	5
1	1987	1.3			1
	1990	1.4	1		
	1998	2.8			1
	1999	1.1		1	
	百分比（%）		25.0	25.0	50.0
2	1985	0.9			1
	1986	0.2	1		1
	1988	0.0			1
	1989	−0.2			1
	1991	0.1			1
	1992	0.0			1
	1993	0.3	1		
	1994	0.8		1	1
	1995	0.7			1
	1996	0.2	1		
	1997	0.1		1	
	2003	−0.5			1
	2005	−0.1			1
	2006	0.8		1	
	2007	−0.5		1	
	2008	−0.4			1

（续表）

积温等级	年份	$I_{10℃}$	最高产量播期（以 1 标示）		
			3	4	5
2	2009	−0.1			1
	2012	−0.9		1	
	2013	0.3	1		
	2014	0.1			1
	百分比（%）		20.0	25.0	65.0
3	2000	−1.9			1
	2001	−1.3			1
	2002	−1.6			1
	2004	−1.0	1		
	2010	−1.4			1
	2011	−1.1	1	1	
	百分比（%）		33.3	16.7	66.7

（三）日照年型的划分

本研究的“年辐照度”统计时段按各年的 3 月 1 日至 10 月 31 日，设常年辐照度符合正态分布。先将各年辐照度标准化，如下式：

$$I_{Ri}=\frac{R_i-\overline{R}}{\sigma}$$

其中，I_{Ri} 为年辐照度的标准化值，R_i 为年辐照度，$\overline{R}$ 为 30 年年辐照度的均值，σ 为 30 年年辐照度的标准差。

利用标准正态分布曲线，将距均值一个标准差处设为正常日照年份的范围界限，得到界值 ±1。根据数据的实际分布情况，将“正常年份”范围适当收缩，得到界值 ±0.9，以此划分日照年型，如表 4-10 所示。

表 4-10 日照年型的划分

等级	I_R 值	类型
1	$I_R>0.9$	偏强
2	$-0.9\leqslant I_R\leqslant 0.9$	正常
3	$I_R<-0.9$	偏弱

1. DSSAT 各日照年型下的春玉米适宜播期

如表 4-11 所示，对各日照年型下最高产量所在播期进行统计。第 1 等级日照年型（偏强型）共 4 年。第 3、第 5 播期没有出现最高产量。第 1、第 4 播期各有 1 次达到最高产量，分别占 25%。第 2 播期有 2 次达到最高产量，占 50%。因此将第 2 播期定为“偏强型”日照年型的适宜播期，即 3 月 20 日前后。另外，1985 年和 2013 年的 I_R 值达到 2.0，是辐照度相对很强的年份，它们的最高产量播期分别是第 4 播期和第 1 播期。第 2 等级日照年型（正常型）共 21 年。第 2、第 3 播期共出现 3 次最高产量，占 14.3%。第 1 播期有 4 次达到最高产量，占 19.0%。第 4 播期有 5 次达到最高产量，占 23.8%。第 5 播期有 9 次达到最高产量，占 42.9%。因此将第 5 播期定为“正常型”日照年型的适宜播期，即 4 月 19 日左右。第 3 等级日照年型（偏弱型）共有 5 年。第 1 至第 3 播期只出现 1 年最高产量，共占 20%。第 4、第 5 播期各有 2 年达到最高产量，分别占 40%。因此将第 4、第 5 播期定为“偏弱型”日照年型的适宜播期，即 4 月 9 日至 4 月 19 日。另外，2012 年的 I_R 值达到 −2.3，是辐照度相对很弱的年份，它的高产播期是第 4 播期。

2. Hybrid-Maize 各日照年型下的春玉米适宜播期

如表 4-11 所示，4 年第 1 等级日照年型中，第 4 播期没有出现最高产量，第 3、第 5 播期各有 2 次达到最高产量，分别占 50%。因此将第 3 和第 5 播期作为“偏强型”日照年型的适宜播期，即 3 月 30 日左右或 4 月 19 日左右。辐照度相对很强的 1985 年和 2013 的高产播期分别是第 5 播期和第 3 播期。21 个第 2 等级日照年型中，第 3 播期有 4 年达到最高产量，占 19.0%。第 4 播期有 5 年达到最高产量，占 23.8%。第 5 播期有 14 年达到最高产量，占 66.7%。因此将第 5 播期定为“正常型”日照年型的适宜播期，即 4 月 19 日左右。第 3 等级日照年型中，第 3 播期有 1 年出现最高产量，占 20.0%。第 4 播期有 2 年达到最高产量，占 40%。第 5 播期有 3 年达到最高产量，占 60%。第 4 播期与第 5 播期所占比例接近，因此将第 4、第 5 播期定为“偏弱型”日照年型的适宜播期，即 4 月 9 日至 19 日。对于日照相对很弱的 2012 年，其高产播期是第 4 播期。

表 4-11　不同日照年型下各播期最高产量表现

日照等级	年份	I_R	DSSAT 最高产量播期（以 1 标示）					Hybrid-Maize 最高产量播期（以 1 标示）		
			1	2	3	4	5	3	4	5
1	1985	2.0				1				1
	1988	1.4		1						1
	1990	1.0		1				1		
	2013	2.0	1					1		
	百分比（%）		25.0	50.0	0.0	25.0	0.0	50.0	0.0	50.0
2	1986	0.4					1	1		1
	1987	0.2					1			1
	1989	0.5					1			1
	1991	0.2					1			1
	1992	0.8			1					1
	1993	−0.4	1					1		
	1994	0.3		1					1	1
	1995	−0.2					1			1
	1996	0.5					1	1		
	1997	−0.7				1			1	
	1998	0.2				1				1
	1999	−0.9				1			1	
	2000	0.5	1							1
	2001	−0.7		1						1
	2002	0.9				1				1
	2004	−0.5	1					1		
	2005	0.6	1							1
	2006	0.8					1		1	
	2007	−0.5					1		1	
	2010	−0.8				1				1
	2014	−0.7					1			1
	百分比（%）		19.0	9.5	4.8	23.8	42.9	19.0	23.8	66.7
3	2003	−1.4				1				1
	2008	−1.2					1			1
	2009	−1.0			1					1
	2011	−1.1					1	1	1	
	2012	−2.3				1			1	
	百分比（%）		0.0	0.0	20.0	40.0	40.0	20.0	40.0	60.0

四、极端气候年份下的高产播期

这里的极端气候年份指按表 4-4 分类级别达到大涝、特涝或大旱、特旱，按照积温和日照的分类，距平超过一个标准差的年份。统计这些年份里各播期出现最高产量的次数（只考察 DSSAT 的情况），见图 4-8。

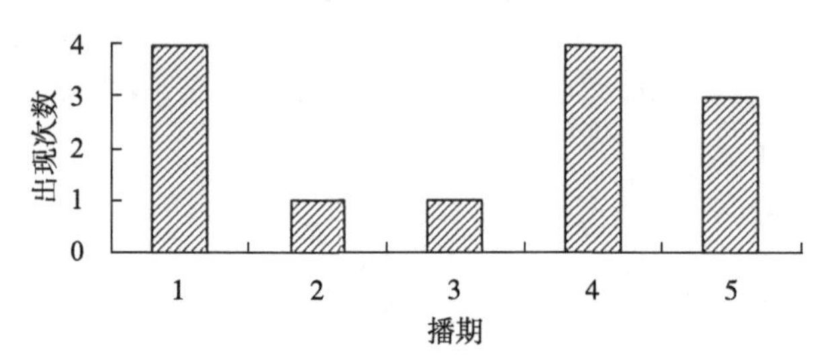

图 4-8　极端气候年份下的高产播期频次

可以看出，极端气候年份的最高产量主要集中在第 1、第 4 和第 5 播期。考虑到模型的模拟倾向（温度因素），第 1 播期的表现更值得注意。极端气候是对整个生育期来说，而较早的播期使得植株在后期应对胁迫的能力更强。

五、各气候年型下各等级平均产量变化趋势

在各气候年型下，各等级内的平均产量表现如何？其变化趋势又是怎样的呢？

如图 4-9（a）所示，DSSAT 降水年型中，“偏涝型”年型平均产量最低，“正常型”年型最高，“偏旱型”年型次高。如图 4-9（b）所示，Hybrid-Maize 是“偏

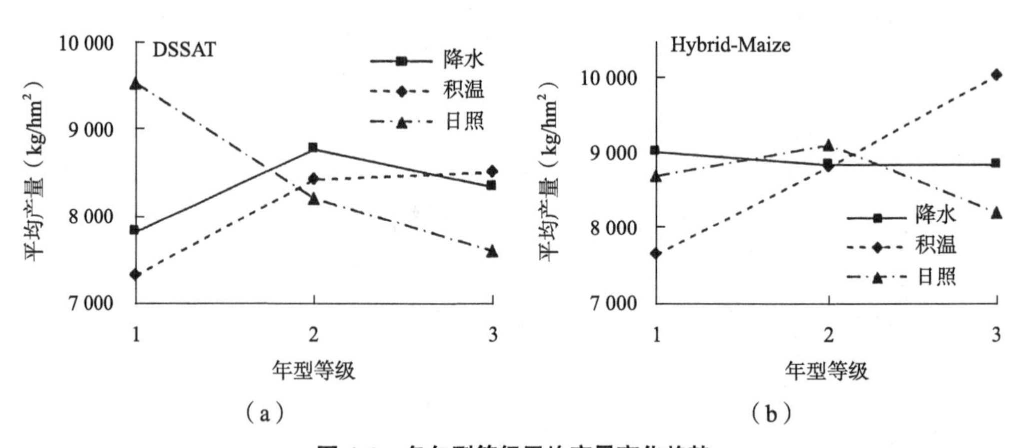

图 4-9　各年型等级平均产量变化趋势

涝型”年型平均产量最高，“正常型”年型次之，而“偏旱型”年型最低。

对于积温型年型，DSSAT“偏冷型”年型平均产量最低，“正常型”年型较高，而“偏暖型”年型产量最高。Hybrid-Maize 从“偏冷型”到“偏暖型”按线性增加，后一个等级比前一个等级增加 1 200kg/hm^2。

对于日照型年型，DSSAT 在辐照度偏强的年份平均产量最高，“正常型”年份次之，辐照度弱的年份平均产量最低。Hybrid-Maize 在“正常型”年型平均产量最高，辐照度强的年型次之，辐照度弱的年型平均产量最低。

通过模拟，黔中地区春玉米适宜播期除日照年型下，偏强型年份 DSSAT 的适宜播期在 3 月 20 日左右、Hybrid-Maize 的在 3 月 30 日左右外，其他多集中在 4 月 9—19 日。另外得到极端气候年份的适宜播期是 3 月 10 日左右，或 4 月 9—19 日。平均适宜播期是 4 月 9—19 日。

第四节　贵州春玉米地膜覆盖保墒栽培技术

一、贵州春玉米宽膜覆盖根域集雨种植技术

农田根域微集水种植是集雨农业的一种技术模式，该技术不但能够收集降水所产生的地表径流，还可以降低无效蒸发，增加种植区土壤含水量，同时可以显著地降低风蚀，有效地减少表面径流和土壤侵蚀，显著提高肥料利用率（任小龙等，2010）。

在半干旱偏旱区的很多研究表明，根域微集水种植技术可以有效提高作物产量。王俊鹏等（1999，2000）在宁南通过 2 年的定位试验研究表明，在 60cm∶60cm 和 75cm∶75cm 2 种沟垄比带型中种植的冬小麦、春玉米、谷子、豌豆和糜子均表现出较明显的增产效应，并通过分析表明，根域微集水种植能够充分利用土壤水分和当季降水，提高土地生产能力（李军等，1997）。王彩绒等（2004）采用垄上覆膜集雨保墒、沟内种植的栽培方法，在半湿润易旱的关中红油土上进行了冬小麦田间试验，探讨覆膜集雨栽培对冬小麦产量及氮磷钾养分携出量的影响。结果表明，覆膜集雨的增产效果明显。覆膜条件下，高氮处理（225kg/hm^2）的生物产量与籽粒产量比低氮处理（75kg/hm^2）分别增加 15.9%、

22.6%；高氮高密度（280 万株 /hm²）条件下，覆膜的生物产量与籽粒产量比不覆膜分别提高 39.5%、28.9%，其中，高氮低密度（230 万株 /hm²）（即高氮宽垄覆膜集雨）处理的籽粒产量和生物产量最高，产量可达 7 898kg/hm²，覆膜集雨种植可协调土壤水分和养分的关系，促进了地上部的养分携出量，有利于植株的协调生长，最终获得高产。大田试验表明，田间根域微集水与覆盖相结合技术可有效利用膜垄的集水和沟覆盖的蓄水保墒功能，改变降水的时空分布，显著地提高降水利用率，特别是小雨的利用率，可使玉米产量比传统平作提高 44%~143%（李小雁等，2005）。李志军等（2006）针对陇东旱作农业区年降水量少、季节分布不均，特别是玉米生产中干旱和苗期低温等问题，从改善旱地玉米生长环境和栽培条件、提高降水利用率入手，将小垄沟集水和覆膜增温保墒技术有机地结合在一起，进行了旱地玉米垄沟周年覆膜栽培新模式试验研究。结果使旱地玉米水热条件明显改善，增产效果显著，是陇东旱地玉米自然降水高效利用，实现高产稳产的最佳栽培方式。云南宣威等地在玉米种植中推广的“灯盏塘”湿直播和“W”形育苗移栽地膜抗旱集雨栽培技术，达到了“蓄住天落雨、保住地下墒、方便人工浇”的效果，经专家实地测产，玉米平均亩产 678.45kg，套种豆类平均亩产 116.3kg，复合亩产 794.75kg，比示范区的平均亩产分别增 40.15kg、12.6kg、52.75kg（段洪文，2014）。

贵州高海拔地区平均气温较低、季节性干旱严重，玉米需覆膜种植。深入开展春玉米农田根域微集水种植技术的研究对于提高该地区及类似生态区玉米产量和农田降水利用率、完善集水种植技术、充分利用自然降水有非常重要的意义。

于 2015—2019 年在贵州威宁地区开展了春玉米宽膜覆盖根域集雨种植技术研究。采用 2 种技术进行对比研究，一是宽膜覆盖根域集雨种植技术（A1）：用宽 2.0m 的地膜覆盖 4 行玉米，先挖穴施肥播种，再盖膜盖种（图 4-10）；二是当地

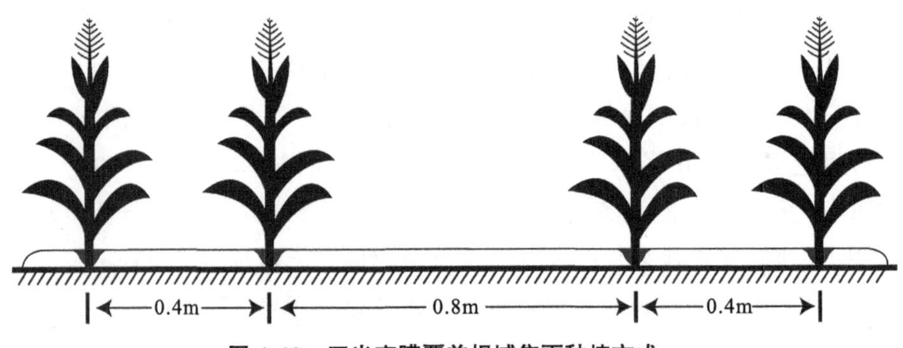

图 4-10　玉米宽膜覆盖根域集雨种植方式

玉米传统覆膜种植方式（窄膜覆盖）（A2）：用宽 0.8m 的地膜覆盖 2 行玉米，先挖穴施肥播种盖种，再盖膜（图 4-11）。

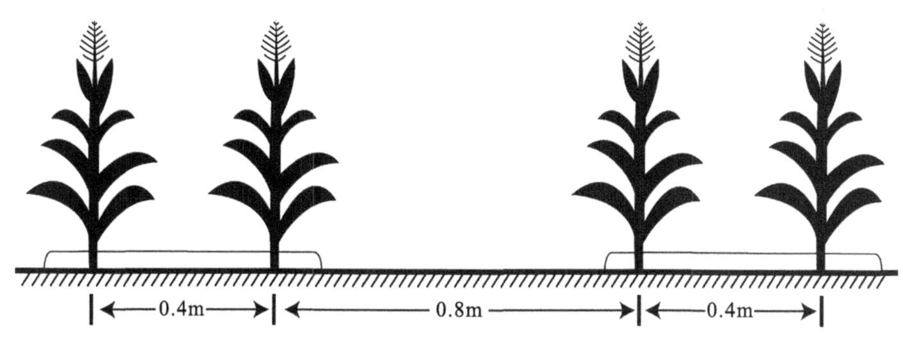

图 4-11　玉米窄膜覆盖种植方式

（一）覆膜方式对玉米不同时期土壤含水量的影响

1. 对株间土壤水分含量的影响

由表 4-12 可知，A1 在玉米不同生育时期的株间土壤含水量均高于相同土层条件下 A2 的土壤含水量。

在苗期时，A1 的玉米株间土壤含水量高于 A2 的土壤含水量，相同覆盖方式条件下，土壤含水量均随着土层的深度增加而增加。在 0~40cm 的土层之间，A1 株间土壤含水量平均高于 A2 的 4.9%，在土层深度为 30cm 时，两种覆盖方式的下株间土壤含水量差值最大，达 7.4%。在抽雄吐丝期和灌浆期，A1 的株间含水量虽然高于 A2 的株间含水量，但幅度变小，抽雄吐丝期为 8.9%，灌浆期为 4.7%。表明在本试验条件下，宽膜覆盖根域集雨种植对玉米株间土壤含水量的保持优于传统覆盖。

表 4-12　不同覆膜方式玉米不同生育时期株间土壤含水量

土层（cm）	苗期（%）		拔节期（%）		抽雄吐丝期（%）		成熟期（%）	
	A1	A2	A1	A2	A1	A2	A1	A2
10	17.6c	15.3b	13.1c	13.0	23.9d	23.8c	17.4d	16.2c
20	21.9b	18.7ab	16.1c	15.1b	28.1c	26.3b	19.4c	16.4c
30	27.0a	19.6ab	18.2b	17.1b	30.0b	33.8a	20.4b	18.7b
40	26.4a	20.1a	21.7a	21.5a	38.4a	28.4b	22.6a	20.1a

2. 对行间土壤水分含量的影响

由表 4-13 可知，A1 在玉米不同的生育时期行间土壤含水量均高于相同土层条件下 A2 的土壤含水量。

在苗期时，A1 的玉米行间平均土壤含水量高于 A2，相同覆盖方式条件下，土壤含水量均随着土层的深度增加而增加。在 0~40cm 的土层之间，A1 行间土壤含水量平均高于 A2 的 2.9%。在拔节期时，在 0~40cm 的土层之间，A1 行间土壤含水量平均高于 A2 的 1.4%，随着土层深度的增加，A1 的行间土壤含水量增加，在土层深度为 40cm 时，含水量最大为 22.8%。在抽雄吐丝期，A1 的行间含水量高于 A2 的行间含水量，在 40cm 的土层高出 16.0%，主要是此期降水较多但温度也高，传统覆膜玉米行间的保水能力较差所致。表明在本试验条件下，宽膜覆盖根域集雨种植的保水能力优于传统覆盖。

表 4-13　不同覆膜方式玉米不同生育时期行间土壤含水量

土层	苗期（%）		拔节期（%）		抽雄吐丝期（%）		成熟期期（%）	
（cm）	A1	A2	A1	A2	A1	A2	A1	A2
10	16.0c	17.6a	14.0b	13.2b	28.2c	23.4c	19.4d	14.4d
20	20.3b	17.5a	16.2b	15.1b	28.8c	21.4c	20.5c	15.6c
30	22.4b	19.3a	18.0b	17.1.b	34.7b	27.1ab	22.1b	16.9b
40	27.1a	20.7a	22.8a	21.5a	43.5a	27.5 a	23.9a	20.1a

（二）覆膜方式对玉米根系的影响

2 年玉米生长旺盛的大喇叭口期和抽雄吐丝期玉米根表面积和根体积均表现为 A1 处理显著大于 A2 处理（表 4-14）。表明宽膜覆盖根域集雨种植可显著促进玉米根系生长，增大根系面积，进而促进其吸收作用。

表 4-14　不同覆膜方式玉米不同生育时期根系相关性状

根系指标	年度	处理	苗期	拔节期	大喇叭口期	抽雄吐丝期	乳熟期
根长（cm）	2018	A1	1 006.0aA	2 180.2aA	3 879.3aA	5 150.3aA	5 721.2aA
		A2	789.3bA	2 053.0aA	2 872.4bB	4 010.6bA	4 625.0bA
	2019	A1	1 343.4aA	1 833.3aA	2 788.5aA	4 356.5aA	4 700.2aA
		A2	1 086.4aA	1 667.2bA	2 332.9bA	4 042.1bA	4 276.2bA

（续表）

根系指标	年度	处理	苗期	拔节期	大喇叭口期	抽雄吐丝期	乳熟期
根表面积（cm²）	2018	A1	211.8aA	532.1aA	1049.8aA	1544.4aA	1789.4aA
		A2	171.4aA	487.4aA	880.4bB	1063.8bA	1534.4aA
	2019	A1	277.9aA	635.5aA	972.9aA	929.4aA	986.0aA
		A2	222.9aA	564.9bA	866.1bA	863.4bA	943.2aA
根体积（cm³）	2018	A1	3.70aA	9.06aA	23.72aA	39.90aA	44.29aA
		A2	2.67aA	9.43aA	20.38bA	27.39bB	34.81bA
	2019	A1	4.62aA	18.91aA	26.53aA	24.71aA	27.15aA
		A2	3.67aA	16.80aA	23.67bA	22.23bA	25.50bA

从表4-15和表4-16可知，2年A1处理吐丝期和成熟期群体及各器官干物质积累量均显著高于A2处理；干物质转运量、干物质转运率和干物质转运对籽粒干物质积累贡献率也表现出同样的趋势。

表4-15 不同覆膜方式下春玉米各器官干物质积累量

年度	处理	吐丝期（kg/hm²）				成熟期（kg/hm²）				
		叶片	茎秆	其他	群体	叶片	茎秆	籽粒	其他	群体
2018	A1	3 042.6aA	8 868.8aA	2 480.10aA	14 391.46aA	2 256.5aA	7 054.2aA	10 862.1aA	1 950.9aA	22 123.8aA
	A2	2 360.0bB	6 890.7bB	1 883.10aA	11 133.87bB	1 794.2bA	5 835.0bB	9 581.4bA	1 635.0bA	18 845.7bB
2019	A1	3 049.5aA	11 107.1aA	1 222.7aA	15 379.3aA	2 577.3aA	6 993.8aA	12 082.7aA	2 233.8aA	23 887.6aA
	A2	2 590.0bB	8 733.4bA	1 267.7aA	12 591.1bA	1 984.6bA	5 778.1aA	11 109.1bB	2 158.5aA	21 030.3bA

表4-16 不同覆膜方式与施氮量下春玉米营养器官干物质转运及对籽粒干物积累的影响

处理	干物质转运量（kg/hm²）		干物质转运率（%）		干物质转运对籽粒干物质积累贡献率（%）	
	2018	2019	2018	2019	2018	2019
A1	2 600.6aA	2 351.7aA	20.59aA	15.07aA	23.20aA	18.22aA
A2	1 621.5bA	1 402.1aA	17.96bA	11.34aA	17.88bB	12.24aA

（三）覆膜方式对玉米氮素积累与转运的影响

由表4-17和表4-18可知，2年A1处理吐丝期和成熟期群体及叶片和茎秆氮素积累量均显著高于A2处理。2个处理间氮素转运量、氮素转运率和氮素转运对籽粒氮素积累贡献率差异虽不显著，但A1处理均高于A2处理。

表4-17　不同覆膜方式下春玉米各器官氮素积累量

年度	处理	吐丝期（kg/hm^2）				成熟期（kg/hm^2）				
		叶片	茎秆	其他	群体	叶片	茎秆	籽粒	其他	群体
2018	A1	82.56aA	66.13aA	10.45aA	158.73aA	37.73aA	35.80aA	142.33aA	7.71aA	223.58aA
	A2	57.49bA	45.29bA	8.83aA	111.60bA	28.93aA	26.77bA	128.38aA	6.20bA	190.28bA
2019	A1	58.55aA	50.06aA	24.52aA	133.14aA	36.21aA	45.80aA	122.05aA	15.49aA	219.55aA
	A2	40.42bA	37.99bA	18.30aA	96.71bA	23.80bA	32.69bA	108.53bA	8.22aA	173.24bB

表4-18　不同覆膜方式下春玉米营养器官氮素转运及对籽粒氮素积累的影响

处理	氮素转运量（kg/hm^2）		氮素转运率（%）		氮素转运对籽粒氮素积累贡献率（%）	
	2018	2019	2018	2019	2018	2019
A1	75.16aA	26.60aA	48.81aA	24.34aA	51.44aA	22.27aA
A2	47.08aA	21.92aA	44.11aA	25.43aA	36.04aA	19.28aA

（四）覆膜方式对玉米产量的影响

由表4-19可知，玉米产量性状在A1处理下穗长、穗粒数、千粒重均优于A2，A1下玉米产量为10 480.64kg/hm^2，大于A2下的9 208.15kg/hm^2，相差1 272.4kg/hm^2，表明宽膜覆盖根域集雨种植能显著提高玉米的产量。

表4-19　覆膜方式对玉米产量及其构成因素的影响

处理	穗数（穗/hm^2）		穗粒数（粒）		千粒重（g）		产量（kg/hm^2）	
	2018	2019	2018	2019	2018	2019	2018	2019
A1	63 709aA	64 810aA	439.1aA	543.82aA	373.73aA	376.24aA	10 559.7aA	10 480.6aA
A2	58 301aA	62 198aA	423.7aA	540.71aA	363.28aA	365.27aA	8 672.5bB	9 208.2bA

在贵州高海拔地区，低温缺水严重制约了玉米产量提高。随着农业生产的发展，传统覆膜方式已经不能有效提高玉米产量。因此，如何增加覆膜对“保温、集雨保水”的作用是提高玉米产量的关键。本试验通过对创新优化后的玉米宽膜覆盖根域集雨种植与传统覆膜种植进行比较研究，发现玉米宽膜覆盖根域集雨种植对提高和保持玉米株间、行间土壤含水量及土壤温度的效果高于传统覆膜方式，苗期和拔节期表现明显，说明较传统覆膜方式，宽膜覆盖根域集雨种植条件下能给玉米生长发育提供更适宜的土壤水温条件。通过测量产量性状和产量发现，宽膜覆盖根域集雨种植条件下穗长、穗粒数、千粒重均优于传统覆盖，增产12.14%。

二、贵州春玉米膜侧栽培技术

地膜覆盖作为主要的增温、保墒栽培模式，应用范围扩大到适宜的区域和作物，并取得了显著的增产效果（王平等，2011）。当前在贵州省中、高海拔地区已大面积使用地膜覆盖抗旱栽培技术。前人研究表明，覆膜具有减少土壤水分无效蒸发、增加土壤的蓄水和水分回流的能力（Wang et al.，2009；Zegada-Lizarazu et al.，2011），增加土壤温度和孔隙度，有利于提高土壤微生物的活性（Mbah et al.，2009；Behtari et al.，2019），同时促使玉米生育期缩短，改善光合性能，从而提高作物产量和水分利用效率（朱琳等，2017）。但也有研究报道覆膜会导致作物减产，由于覆膜提高了土层温度，使玉米的生育期提前，尽管玉米的生育后期有大量降水，但“卡脖旱”现象仍然会导致旱地玉米减产（张冬梅等，2008）。此外，由于覆膜增加玉米产量的同时会增加耗水量，连年进行地膜覆盖栽培容易引起土壤水分的耗竭（谢军红等，2015）。为了解决玉米地膜覆盖栽培由于盖膜保墒与纳墒结合不好，中后期土壤温度和湿度调节困难，田间追肥及间套作物等操作受到限制，残留破膜不易回收、长期使用会造成“白色污染”等问题，研究了不同覆膜方式对春玉米生长发育和产量的影响，以期为春玉米节水抗旱栽培技术提供理论依据。

（一）产量结果

覆膜种植的增产能力受到诸多因素的影响，主要包括气象条件（降水和气温）、系统带型（覆盖比）、施肥量和作物属性等因素（Gan et al.，2013；李尚中，2014）。于2009年在贵州金沙、毕节和威宁等地进行了玉米膜侧栽培技术研究。由表4-20可知，玉米育苗移栽比露地栽培增产，平均增产幅度9.15%；无论在育苗移栽条件下，还是在直播条件下，产量均表现为：膜内栽培＞膜侧栽培＞露地栽培。这充分说明地膜覆盖均有增温保温、保水保肥等作用，但这种作用对膜内栽培和膜侧栽培的玉米生长发育影响是存在差异的，最终表现在产量的差异上。

表 4-20　玉米膜侧栽培试验产量结果　　单位：kg/hm²

试点	处理	平均	试点	处理	平均
毕节朱昌	A	10 774.2	毕节梨树	A	9 957.0
	B	9 681.6		B	8 832.6
	C	10 755.9		C	9 672.2
	D	10 256.7		D	8 449.4
	E	8 285.9		E	8 654.1
	F	9 552.5		F	6 831.3
威宁小海	A	12 250.1	金沙城关	A	10 785.6
	B	10 722.2		B	10 509.8
	C	11 115.2		C	11 312.6
	D	10 154.7		D	10 699.8
	E	7 835.3		E	10 667.9
	F	6 480.2		F	9 661.8

注：A—80cm 宽地膜覆盖育苗移栽；B—80cm 宽地膜覆盖直播；C—50cm 宽地膜覆盖膜侧育苗移栽；D—50cm 宽地膜覆盖膜侧直播；E—露地育苗移栽；F—露地直播。

通过方差分析（表 4-21）进一步探索不同地膜覆盖方式、玉米的不同播种栽培方式组合对玉米产量的影响来看，在地点间差异显著及其地点与处理交互效应间差异极显著的情况下，在进一步的示范推广中，有必要结合各地的自然条件及其试验示范的结果因地制宜地进行选择和组装配套推广。

表 4-21　玉米膜侧栽培试验产量结果多重比较

处理	平均产量（kg/hm²）	差异显著性	
		α = 5%	α = 1%
膜内移栽（A）	10 941.6	a	A
膜侧移栽（C）	10 713.9	a	A
膜内直播（B）	9 936.6	b	B
膜侧直播（D）	9 890.1	b	B
露地移栽（E）	8 860.8	c	C
露地直播（F）	8 131.5	d	D

关于膜侧栽培增产的原因，据毕节市农科所的观察，以露地栽培为起点，5个土层的平均地温比较，日均增加温度，膜内栽培为2.1℃，膜侧栽培为1.34℃；4—8月的平均土壤含水量，膜内栽培提高0.88个百分点，膜侧栽培提高0.12个百分点。由此可以看出，膜侧栽培仍然有一定的增温、保温和保水保肥的作用，对于抵御不良气候对玉米生长的影响，改善了玉米灌浆结实，增加粒重，因而实现了增产（表4-22）。

表4-22　玉米膜侧栽培与露地栽培经济性状比较

地点	处理	株高（cm）	穗位高（cm）	穗长（cm）	秃顶度（cm）	穗粗（cm）	穗行数（穗/行）	行粒数（粒/行）	单穗粒重（g）	百粒重（g）
毕节梨树	膜侧栽培	281.7	133.5	18.5	1.43	5.40	14.2	37.18	210.59	42.75
	露地栽培	273.3	123.7	18.2	1.4	5.33	14.1	37.65	212.77	43.98
	比露地增减	8.3	9.8	0.3	0.03	0.08	0.1	−0.48	−2.17	−1.23
金沙城关	膜侧栽培	262.5	121.2	19.1	1.26	5.47	13.8	37.2	219.46	42.75
	露地栽培	267.1	127.1	18.7	0.75	5.30	13.6	37.6	216.05	42.25
	比露地增减	−4.6	−5.9	0.4	0.51	0.17	0.2	−0.4	3.41	0.5
毕节朱昌	膜侧栽培	225.0	100.9	20.6	1.4	5.15	12	40	210	45.7
	露地栽培	220.5	91.8	19.3	1.95	4.90	12	35.5	174.5	42
	比露地增减	4.5	9.1	1.3	−0.55	0.25	0	4.5	35.5	3.7
威宁小海	膜侧栽培	262.2	141.2	18.6	0.27	5.27	17.2	35.6	193.49	31.6
	露地栽培	255.8	140.2	16.0	0.72	4.93	16.8	27.2	129.55	28.35
	比露地增减	6.4	1.0	2.6	−0.45	0.34	0.4	8.4	63.94	3.25
平均	膜侧栽培	257.8	124.2	19.2	1.09	5.32	14.3	37.49	208.39	40.7
	露地栽培	254.2	120.7	18.1	1.21	5.11	14.13	34.49	183.22	39.14
	比露地增减	3.6	3.5	1.1	−0.12	0.21	0.18	3.01	25.17	1.56

（二）玉米膜侧栽培高产技术模式

由于玉米施肥中氮肥施用的多少和种植密度的合理与否是影响产量的重要因素（Jin et al.，2012），加之受贵州立体农业气候特征的影响，各地在玉米品种的布局上也有明显的差异。因此，为了制定不同生态区不同玉米品种采用膜侧栽培种植实现优质高产的栽培技术，结合生产实际选择了氮肥施用量和种植密度作为研究对象，采用二因素 D- 最优饱和设计法（表 4-23），在毕节朱昌、毕节梨树、金沙城关和威宁小海等地开展了研究。

表 4-23　玉米不同密度与氮肥施用量试验的水平及其处理设计

处理编号	密度（x_1）		氮肥用量（x_2）	
	编码值	实施值	编码值	实施值
1	−1	22 500	−1	75
2	1	82 500	−1	75
3	−1	22 500	1	525
4	−0.131 5	48 555	−0.131 5	270.45
5	1	82 500	0.394 5	388.8
6	0.394 5	64 335	1	525

注：本项试验设计的间距，密度（x_1）为 30 000 株 /hm^2，氮肥用量（纯氮，x_2）为 225kg/hm^2。

从表 4-24 看出，由于各试点的土地条件、试验品种的生产能力等差异，同一处理不同试点的产量水平有一定的差异，但观察各试点不同处理的产量升降趋势却有较大程度的相似。由此表明，在高产高效栽培技术模式的研究中，既要研究不同生态山区不同品种的差异性，也要研究不同生态山区各品种的共性。

表 4-24　不同试点不同处理玉米产量结果　　单位：kg/hm^2

处理	试点	品种	平均	处理	试点	品种	平均
1	金沙城关	中单 808	7 184.1	1	毕节朱昌	毕玉 2 号	5 614.2
2			10 159.1	2			8 885.4
3			8 284.4	3			5 680.1
4			11 002.2	4			8 532.5
5			12 154.7	5			11 206.7
6			11 356.2	6			10 111.7

（续表）

处理	试点	品种	平均	处理	试点	品种	平均
1	毕节梨树	贵单8号	7 342.7	1	威宁小海	毕单17号	6 263.9
2			8 747.3	2			10 019.9
3			6 401.0	3			7 019.9
4			9 932.4	4			11 337.3
5			10 190.7	5			10 144.8
6			10 202.9	6			10 910.7

1. 产量模型的建立与分析

（1）各试点产量回归模型的建立。利用表4-24数据模拟得各试点玉米种植密度（x_1）和氮肥（纯氮）施用量（x_2）与产量间的回归模型为：

金沙城关：$\hat{y}_1=11\,328.14+1\,582.01x_1+644.64x_2+94.53x_1x_2-869.24x_1^2-1\,142.7x_2^2$

$F_{回归}=653.4889^{**}$

毕节梨树：$\hat{y}_2=10\,140.20+1\,284.50x_1+111.35x_2+582.18x_1x_2-1\,419.74x_1^2-564.21x_2^2$

$F_{回归}=118.945\,1^{**}$

毕节朱昌：$\hat{y}_3=8\,926.94+2\,277.36x_1+674.69x_2+641.78x_1x_2-427.47x_1^2-575.03x_2^2$

$F_{回归}=212.813^{**}$

威宁小海：$\hat{y}_4=11\,603.63+1\,511.69x_1+11.69x_2-366.30x_1x_2-2\,716.38x_1^2-733.70x_2^2$

$F_{回归}=111.194\,7^{**}$

以上模型经检验，$F_{回归}$的值均大于$F_{0.01（5,\ 10）}$的值，表明试验因素对产量的影响是极其显著（** 表示差异极显著）的。进一步对各回归模型的各项回归系数进行t测验表明，可利用不同生态山区，玉米种植密度（x_1）和氮肥施用量（x_2）与产量间的回归模型分析两个试验因素对产量的影响，进行模拟试验，研究筛选出实现不同生态山区不同产量目标的种植密度和氮肥施用量。

（2）各试点产量回归模型的解析。

① 试验因素对玉米产量的影响：利用降维法，固定其中一个因素的取值为

“0”，可得另一个因素对产量影响的主效应模型。在此，设 x_2=0，有：

$\hat{y}_{1\cdot x1}=11\ 328.14+1\ 582.01x_1-869.24x_1^2$

$\hat{y}_{2\cdot x1}=10\ 140.2+1\ 284.50x_1-1\ 419.74x_1^2$

$\hat{y}_{3\cdot x1}=8\ 926.94+2\ 277.36x_1-427.47x_1^2$

$\hat{y}_{4\cdot x1}=11\ 603.63+1\ 511.69x_1-2\ 716.38x_1^2$

从以上 4 式可以看出，不同生态山区玉米膜侧移栽条件下，种植密度与玉米产量的关系均呈开口向下的抛物线，但各地由于自然气候、土壤肥力水平，加之受到品种生长特性的影响，因此，不同试点的结果建立的模型出现拐点的位置具有明显的差异，在中高海拔山区的毕节朱昌，由于试验采用的品种株型紧凑，耐密植性能强，因此在设计的密度范围内未出现峰值点，其余 3 个采用高秆大穗型品种的试点在 0~1 水平间达到了最高产量。

同理，设 x_1=0，对模型进行降维有：

$\hat{y}_{1\cdot x2}=11\ 328.14+644.64x_2-1142.7x_2^2$

$\hat{y}_{2\cdot x2}=10\ 140.2+111.35x_2-564.21x_2^2$

$\hat{y}_{3\cdot x2}=8\ 926.94+674.69x_2-575.03x_2^2$

$\hat{y}_{4\cdot x2}=11\ 603.63+11.69x_2-733.70x_2^2$

从以上 4 式可以看出，各试点氮肥施用量与产量之间均呈开口向下的抛物线关系，但是在设计的施肥水平范围内出现峰值点的位置，各试点之间略有差异，但都在 0~1 水平间达到了最高产量。

因此，在玉米生产中，种植密度和氮肥施用量作为主要栽培技术因素，应重点加以控制，尤其是对密度的控制，以构建合理群体和资源高效利用，进而获得高产。同时，在生态类型多样的高寒山区中，玉米膜侧移栽应根据当地气候特征结合品种特性综合考虑以确定适宜的种植密度和氮肥用量，实现绿色可持续发展。

② 试验因素的交互作用对产量的影响：除威宁试点 2 个试验因素的交互效应值为负，其余 3 个试点两试验因素的交互效应值均为正，即试点间表现不完全一致，这可能与该区域高海拔山区土壤有机质含量高，在增加种植密度的情况下，增施氮肥反而对高产不利。

③ 综合平均产量模型的建立与分析：为了探索玉米膜侧栽培条件下，对玉米主产区均有指导意义的栽培技术规范，按照误差同质、一致的原则对各试点取得的产量结果进行了误差同质性检验，得样本 $x_2=0.059<x^2_{0.05\,(3)}=7.815$，由此可将 4 个试点产量进行合并分析（表 4-25）。

表 4-25　各试点不同处理的平均产量　　单位：kg/hm²

处理	金沙城关	毕节梨树	毕节朱昌	威宁小海	平均
1	7 184.10	7 342.65	5 614.20	6 263.85	6 601.20
2	10 159.05	8 747.25	8 885.40	10 019.85	9 452.85
3	8 284.35	6 400.95	5 680.05	7 019.85	6 846.30
4	11 002.20	9 932.40	8 532.45	11 337.30	10 201.05
5	12 154.65	10 190.70	11 206.65	10 144.80	10 924.20
6	11 356.20	10 202.85	10 111.65	10 910.70	10 645.35

利用表 4-25 数据计算的试验因素与各试点平均产量间的回归模型：

$$\hat{y}_{平均}=10\,499.55+1\,663.95x_1+360.60x_2+238.05x_1x_2-1\,358.25x_1^2-753.90x_2^2$$

该模型经 x_2 检验，理论值与实际值完全一致，经显著性检验 $F=10.427\,8>F_{0.01(5,\ 15)}=4.56$，达到了 1% 的显著水平，由此说明，试验因素对平均产量的影响极显著，可以利用模型分析试验因素对产量的影响和模拟优化。

对模型进行解析，可以看出：2 个试验因素对平均产量的影响均呈开口向下的抛物线；密度对平均产量的影响程度大于氮肥施用量的影响；两因素的交互作用为正，说明两因素对提高膜侧栽培玉米产量具有相互促进作用（表 4-26）。

表 4-26　种植密度（x_1）和氮肥施用量（x_2）对玉米膜侧栽培产量的影响　单位：kg/hm²

x_i	−1	−0.5	0	0.5	1	平均数	s	CV（%）
−1	6 600.90	7 227.60	7 477.35	7 350.15	6 846.00	7 100.40	365.70	5.15
−0.5	8 332.50	9 018.75	9 328.05	9 260.40	8 815.65	8 951.10	400.95	4.48
0	9 385.05	10 130.85	10 499.55	10 491.45	10 106.25	10 122.60	453.45	4.48
0.5	9 758.40	10 563.75	10 992.00	11 043.30	10 717.65	10 615.05	517.80	4.88
1	9 452.70	10 317.45	10 805.25	10 916.10	10 650.00	10 428.30	590.25	5.66
平均数	8 706.00	9 451.65	9 820.50	9 812.25	9 427.20			
s	1 293.90	1 376.70	1 460.85	1 546.05	1 632.30			
CV（%）	14.86	14.57	14.88	15.76	17.32			

④ 试验因素对单位面积投入的影响：根据计算，不同处理单位面积的投入数额分别是：6 923.85 元、9 178.05 元、8 880.3 元、8 773.05 元、10 542.45 元和 10 390.05 元，利用这个投入的数据建立了玉米种植密度（x_1）、氮肥施用量（x_2）对单位面积投入（P）影响的回归模型，即：

$$P=9\,046.52+1\,110.96x_1+962.09x_2-16.14x_1x_2+20.13x_1^2-53.60x_2^2$$

此模型经卡方检验，理论值与实际值完全一致，因此，可以用模型分析两试验因素对投入的影响和模拟寻优。从模型分析可知，随着种植密度的增加和施肥量的提高，单位面积的投入量极显著地上升。

2. 玉米膜侧栽培高产高效的种植密度与氮肥施用量优化方案

在以上分析的基础上，利用建立的平均产量、纯收益回归模型进行了种植密度和氮肥施用量设计范围内的模拟试验，并利用频次分析法获得了 2 套高产高效的玉米种植密度与氮肥施用量技术方案（表 4-27），可供各地进一步推广玉米膜侧栽培节水高产技术提供理论依据。

表 4-27　高产高效的玉米种植密度与氮肥施用量技术方案

产量水平（kg/hm²）	平均产量（kg/hm²）	平均净收益（元 / hm²）	种植密度（株 /hm²）		氮肥施用量（kg/hm²）	
			平均值	95% 置信限	平均值	95% 置信限
9 000~10 500	9 834.15	3 125.85	0.055 6 （54 168.0）	−0.0926~0.2038 （49 722.0~58614.0）	−0.227 8 （248.70）	−0.433 9~−0.0217 （202.35~295.05）
10 500~11 250	10 828.05	3 206.10	0.582 5 （69 975.0）	0.473 2~0.691 8 （66 696.0~73 254.0）	0.333 3 （375.00）	0.1794~0.4872 （340.35~409.65）

注：括号内为农艺措施的量化值。

第五节　贵州春玉米秸秆还田增肥保水技术

玉米秸秆作为一种重要的可再生资源，可解决我国耕地质量问题，尤其是土壤中有机质含量减少和土壤板结问题（Aase et al.，1995）。研究发现，作物秸秆可用来弥补土壤中有机质含量的不足、改良土壤质量、提高土壤肥力，从而提高作物产量和保护生态环境（张静等，2010；王利等，2013）。然而较低的秸秆利用率已成为农村的污染源之一，秸秆的处理与利用方式直接影响农村的生态环境以及农业的增产增效和持续发展（王磊等，2010）。玉米秸秆还田已成为农业生产中一项重要的环保举措，对于农业的可持续发展具有不可忽视的作用。贵州省农作物秸秆资源总量为30.229Mt，占全国农作物秸秆总量的5.0%。主要农作物秸秆资源中：直接还田7.421Mt，占总量24.5%；堆沤还田1.976Mt，占总量6.52%；过腹还田15.561Mt，占总量51.4%；烧灰还田4.797Mt，占总量15.8%（谭克均等，2008）。其中，玉米秸秆主要是牲畜（牛、马、猪）的饲料，通过过腹后作为农作物的底肥进行还田；比较边远且燃料比较困难的地方，有部分玉米秸秆作为燃料，其燃烧的量相当于玉米秸秆总量的10%。当前，贵州玉米秸秆还田工作虽已开展但成效甚微。贵州位于云贵高原东部，平均海拔1 000m以上，年均降水分布不均衡，特别是贵州西部地区因地势更高，温度相对黔中东部较低，年降水量多集中在6—8月的雨季，秋冬较旱。故需要考虑土壤热量和水分对秸秆还田效应的影响。采用浸泡和覆膜的不同方式，可以调控土壤C/N和增温保湿，帮助秸秆自然腐解，从而实现培肥土壤，增加优良土壤胶体，实现减肥不减产的目的。本研究通过开展大田试验，研究在少施或不施化肥条件下，不同秸秆还田方式对土壤理化性质、土壤微生物、土壤肥力及玉米产量的影响，进而达到节水节肥协同一体，降低环境风险的目的，为生态农业的健康持续发展提供科学可行的理论和实践依据。

前人研究表明，秸秆还田对改善土壤的物理结构具有重要影响，秸秆埋入土壤之中，土壤之间产生分离层，增大土壤孔隙度，降低土壤容重（徐莹莹等，2018；吴鹏年等，2020）；同时调节土壤水量的空间分布、增大土壤的持水能力，抑制土壤水分的蒸发（曲学勇等，2009；王利，2013）。但也有报道指出，由于秸秆吸水作用和秸秆分解自身需要消耗水分，在秸秆还田前期将出现秸秆与作物竞争水分的现象，从而致使土壤水分下降。而后期，秸秆分解释放水分，给予土壤水分补偿（徐文强等，2013）。地膜覆盖直接阻碍了土壤水分垂直蒸发，而当膜开始降解后，土壤表面的物理阻隔面积逐渐减少，出现覆膜处理与露地处理土壤含水量基本相等的情况（申丽霞等，2011）。从表4-28可以看出，到玉米完熟期，SIR和SIM处理的土壤含水量、土壤容重和孔隙度要高于SDR和CK处理，表明SIR和SIM处理对促进土壤疏松有一定的作用。

表 4-28　各处理的土壤水分含量、容重和孔隙度（%）

处理	容积含水量（%）			容重（g/cm^3）			孔隙度（%）		
	乳熟期	蜡熟期	完熟期	乳熟期	蜡熟期	完熟期	乳熟期	蜡熟期	完熟期
CK	38	26	42	1.35	1.37	1.42	49	48	46
SDR	40	26	42	1.35	1.38	1.44	49	48	46
SIR	34	25	39	1.28	1.29	1.36	52	51	49
SIM	33	25	38	1.22	1.1	1.24	54	59	53

注：CK—不还田不覆膜；SDR—秸秆直接还田；SIR—秸秆浸泡还田；SIM—秸秆浸泡还田＋覆膜。表4-29 和表 4-30 同。

在覆膜条件下，土壤中存在的厌氧型微生物活性会增加，从而加快土壤中有机质的分解，使土壤中的 CO_2 浓度增加，氧气浓度下降，氧化还原电位下降，从而降低土壤的 pH 值（腊塞尔等，1979）。此外，覆膜条件下水热的适宜会导致根系分泌大量有机酸，使土壤 pH 值降低；秸秆还田的分解过程也会产生有机酸，降低 pH 值（邓春晖和李艳君，2013）。从表 4-29 可以看出，SIR 和 SIM 处理的土壤 pH 值随玉米生育进程的推进逐渐降低，而 SDR 和 CK 处理随玉米生育进程的推进逐渐升高。玉米秸秆中营养相当丰富，含大量碳、氮、磷、钾及钙、镁、铁、硫、硅等微量元素，有机物含量约 15%（宋玉明等，2008）。研究发现，秸秆还田可增加土壤养分含量，提高土壤供肥能力，从而改善土壤的理化性质以及生物学性状，进而增加作物产量（贾伟等，2008）。而地膜覆盖有利于增加土壤养分分解速率，为作物提供更多养分（王有宁，2004）。不同玉米秸秆还田方式对土壤碱解氮的影响有一定差异，玉米拔节期土壤碱解氮含量各处理间 SIM > SIR > SDR > CK，表明玉米秸秆还田后前期可增加土壤碱解氮含量（表 4-29）。后期随玉米生长消耗，SIM、SIR 和 SDR 的土壤碱解氮含量降低。各处理土壤速效磷和土壤全磷的变化情况同土壤碱解氮的变化相同。这说明秸秆还田和覆膜互作可改善土壤环境，有效提高土壤养分含量。

表 4-29　各时期不同处理的土壤 pH 值及养分含量

指标	处理	前期	拔节期	乳熟期	蜡熟期	完熟期
土壤 pH 值	CK	6.53	6.50	6.61	6.95	6.95
	SDR		6.19	6.32	6.70	6.67
	SIR		5.92	5.97	6.52	6.30
	SIM		5.78	5.65	6.34	5.95
碱解氮（mg/kg）	CK	187.59	129.52	136.23	107.92	112.39
	SDR		141.91	143.98	111.02	117.63
	SIR		156.39	150.58	116.05	118.63
	SIM		170.56	159.28	122.56	117.39
速效磷（mg/kg）	CK	51.44	49.01	49.50	32.91	37.66
	SDR		59.44	54.63	40.33	39.95
	SIR		66.54	62.09	49.66	37.51
	SIM		68.63	67.61	70.18	38.34
全磷（g/kg）	CK	1.49	1.26	1.38	1.17	1.36
	SDR		1.46	1.42	1.20	1.44
	SIR		1.50	1.45	1.56	1.45
	SIM		1.74	1.53	1.60	1.49

土壤微生物和酶是土壤生物化学特性的重要组成部分，在营养物质转化、有机质分解、污染物降解及修复等方面起着重要作用（龙健等，2003；杨青华等，2005）。秸秆还于土壤后，为土壤微生物提供充足的养分，对土壤微生物的数量和活性具有明显的改善作用。研究表明，秸秆还田为土壤微生物的繁殖创造了有利条件，可增加土壤有机质，提高土壤微生物量 C/N，提高土壤供肥水平（逄蕾等，2006；张静等，2010）。慕平等（2011）认为连续秸秆还田有效增加土壤微生物 C 源供给。种植填闲玉米并秸秆还田不仅可以增加土壤微生物多样性，还有利于改善微生物群落结构，促进苗期生长，防治或减轻苗期病害发生（赵小翠等，2011）。在探究玉米秸秆不同还田方式对土壤微生物数量影响中发现，不同时期间土壤细菌、真菌数量差异不显著，土壤放线菌除了秸秆埋入后 3 个月与玉米三叶期之间差异不显著，其余时期之间差异显著（图 4-12）。SDR 处理的细菌数量最多，CK 处理第二，SIM 处理次之，SIR 最少；拔节期 SIM 处理细菌高于 CK 处理。土壤的真菌数量在 CK 处理中最多，SIR 处理第二，SIM 次之，SDR 最少，拔节期 SIM 处理真菌数量高于 CK 处理。放线菌数量为 CK 处理最多，SIR 处理第二，SDR 处理

次之，SIM 处理最少，SIM 处理放线菌数量显著低于 CK 处理。

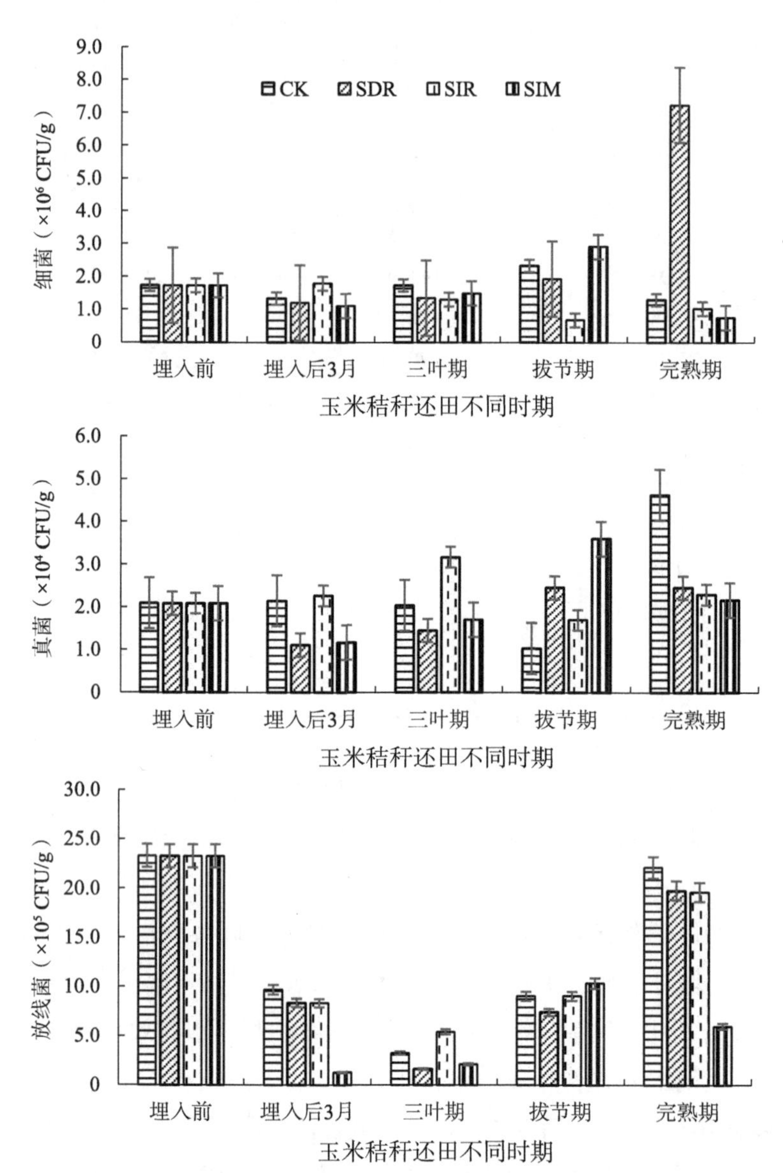

图 4-12 玉米秸秆还田不同方式对土壤细菌、真菌和放线菌数量的影响

土壤酶是土壤代谢的动力，既反映土壤中生物化学过程的强度和方向，还反映土壤碳、氮和磷等的动态变化，可被作为衡量土壤质量变化的指标（苏永，2002）。秸秆还田是引起农田土壤酶活性变化的因素之一，秸秆还田后，大多数土壤酶活性得到了不同程度的提高（Zhao et al.，2016）。秸秆还田年份长短对土壤酶活性有显著影响，连续2年秸秆还田与还田1年相比，过氧化氢酶活性显著提高，脲酶与碱性磷酸酶活性显著降低，而秸秆还田4年后极大地提高了土壤脲酶和蔗糖酶的活性（徐忠山等，2019）。埋入后3个月和玉米三叶期，玉米三叶期和拔节期之间差异不显著，拔节期和完熟期之间差异显著。4个处理中，SIM处理的脲酶活性最高，SIR处理次之，CK处理最低，SIM处理的脲酶活性显著高于CK处理（图4-13）。

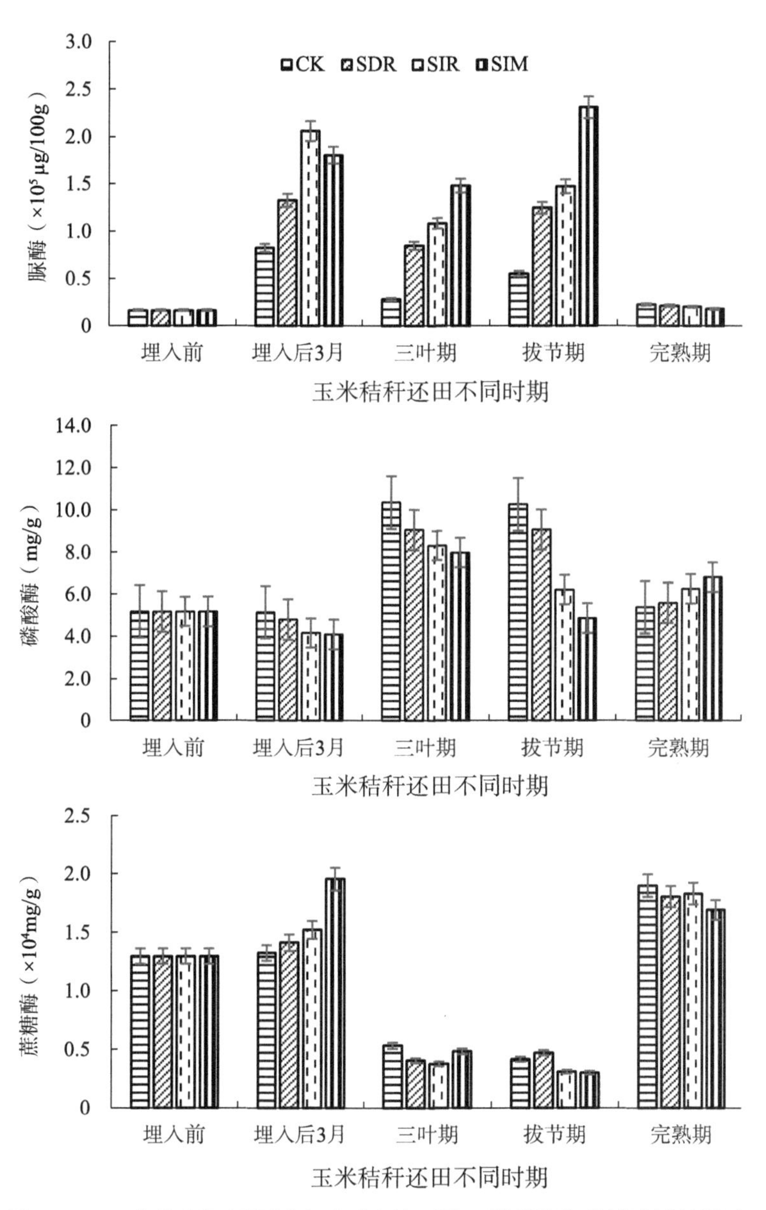

图4-13　玉米秸秆还田不同方式对土壤脲酶、磷酸酶和蔗糖酶活性影响

土壤磷酸酶活性在拔节期和完熟期差异显著，CK 处理的磷酸酶活性是 4 个处理中最高的，SDR 处理次之，SIM 处理为最低。土壤蔗糖酶活性在三叶期和拔节期差异不显著，其余时期间差异显著，测定出的蔗糖酶活性为，SIM 处理，CK 处理，SDR 处理和 SIR 处理依次降低。三叶期 SIM 处理的蔗糖酶活性显著高于 CK 处理。

秸秆还田可提高土壤的水分利用率和蓄水能力，促进玉米株高、茎粗和单株叶面积，促使作物增产（高飞等，2011）。秸秆还田配合地膜覆盖技术对马铃薯经济性状和产量影响较大，且有良好的保肥保墒效果（康端礼等，2013）。周怀平等（2013）研究结果表明，长期秸秆还田对玉米具有很好的增产效果，19 年来增产幅度可达 11.57%~20.92%。秸秆还田处理与不还田处理相比较，玉米的穗粒重、穗行数和穗粒数均有显著的增加（张学林等，2010）。从表 4-30 可知，秸秆不还田的产量最低，为 8 030.55kg/hm^2，秸秆浸泡还田覆膜产量最高为 9 282.90kg/hm^2，秸秆浸泡还田处理产量为 9 062.85kg/hm^2，比对照增产 12.85% ~15.54%。其中，秸秆浸泡还田对穗长有显著影响（$P<0.05$），对穗粗、秃尖、穗粒数无显著影响，并且玉米穗长、穗粗与百粒重在 4 个处理中趋势总体相同都表现为 SIM>SIR>SDR>CK。表明秸秆浸泡还田与覆膜互作可改善土壤结构和微生物环境，有利于持续改善土壤供肥供水能力，进而获得较高的玉米产量。

表 4-30　各处理玉米产量及产量性状

处理	株高（cm）	茎粗（cm）	穗位高（cm）	穗长（cm）	穗粗（mm）	秃尖长（cm）	穗粒数（粒/穗）	千粒重（g）	单位面积产量（kg/hm^2）
CK	277.5	2.31	129.2	17.14	46.69	1.82	529.4	300.1	8 030.55bB
SDR	274.2	2.64	131.5	17.01	46.58	1.82	506.6	301.5	8 035.65bB
SIR	277.2	2.36	135.7	18.22	47.63	1.26	550.9	310.5	9 062.85aAB
SIM	285.5	2.47	145.6	18.34	50.30	1.48	520.8	315.3	9 282.90aA

第六节　贵州春玉米水肥耦合技术

水肥耦合是指农业生态系统中，水分和肥料两因素或水分与肥料中的氮、磷、钾等因素之间的相互作用对作物生长发育、产量等产生影响（冯鹏等，2012；

Kiymaz and Ertek，2015；Du et al.，2017）。大量研究探讨了不同灌溉条件下灌溉方式、水平和氮肥施用对玉米生长和产量的影响（Benjamin et al.，2014；Teixeira et al.，2014；Chilundo et al.，2016）。亏缺灌溉延缓了玉米的生长，降低了干物质积累和氮吸收，导致产量显著下降（Chilundo et al.，2016）。合理的施肥和灌溉管理是干旱地区玉米生产的关键（Bouazzama et al.，2012）。适宜的水肥耦合有利于玉米生长发育，使其高效利用水分和养分，从而达到有效节水节肥并提高产量的目的。因此，保证玉米生长季节不同水分条件下氮肥的供应是非常重要的（Chilundo et al.，2017）。尽管水肥耦合对玉米生长发育和产量影响的研究已有报道，但针对贵州春玉米的研究较少。干旱，尤其是春旱已成为贵州春玉米生产最重要的灾害因子，玉米苗期及穗期调亏灌溉与水肥耦合技术对稳定该区春玉米产量具有重要的意义。通过盆栽试验模拟水肥耦合对贵州春玉米农艺性状和产量形成的影响，分析并找出玉米肥料使用量及最优的水肥配合，确立最佳的水肥耦合模式，以期为贵州省的玉米高产、水肥的高效利用提供科学的参考依据。

一、苗期水肥耦合技术

玉米苗期阶段对水分较为敏感，该时期缺水将直接导致种子发芽率、发芽势降低，造成缺苗、断垄等现象，抑制植株生长发育，严重时造成大面积减产（纪瑞鹏，2012；赫福霞，2014；赵玉坤，2016）。氮、磷、钾素是植物生长必需的三大营养元素。玉米对氮素吸收量最多，钾次之，磷最少。玉米从出苗到拔节期吸收氮素绝对量少，吸收速度慢；拔节至小喇叭口期，玉米吸收氮量迅速增加，吸收速度显著加快（刘景辉等，1994）。Sayre 认为玉米整个生育时期内都有磷素的积累，最大吸收速度是在出苗后第 3~6 周。玉米在生长前期钾素吸收较快，三叶期吸收钾量占总吸收量的 20% 左右（何萍等，1998；樊智翔等，2003）。合理的苗期水肥管理可促进植株前期形态建成，有利于植株生长发育和产量形成。采用 L_9（3^4）四因素三水平正交试验设计，设置调亏程度（A）、施氮量（B）、施磷量（C）和施钾量（D），共 4 个因素，各因素设置 3 个水平（表 4-31，表 4-32），共 9 个处理。磷肥、钾肥和 20% 的氮肥作为基肥一次性施入，在拔节期和大喇叭口期以尿素追肥，施氮量各占总施氮量的 40%。不同水分处理开始时期均为玉米展 4 叶，水分持续胁迫时间均为 12d，12d 后复水到田间最大持水量的 70%~80%。

表 4-31　水肥耦合各试验因素水平

因素水平	调亏程度 A	氮肥施用量 B（kg/hm^2）	磷肥施用量 C（kg/hm^2）	钾肥施用量 D（kg/hm^2）
1	40%~50%	450	150	300
2	55%~65%	300	100	200
3	70%~80%	150	50	100

表 4-32　L_9（3^4）四因素三水平正交试验设计

因素水平	调亏程度 A	氮肥施用量 B（kg/hm^2）	磷肥施用量 C（kg/hm^2）	钾肥施用量 D（kg/hm^2）
1	1（40%~50%）	1（450）	1（150）	1（300）
2	1（40%~50%）	2（300）	2（100）	2（200）
3	1（40%~50%）	3（150）	3（50）	3（100）
4	2（55%~65%）	1（450）	2（100）	3（100）
5	2（55%~65%）	2（300）	3（50）	1（300）
6	2（55%~65%）	3（150）	1（150）	2（200）
7	3（70%~80%）	1（450）	3（50）	2（200）
8	3（70%~80%）	2（300）	1（150）	3（100）
9	3（70%~80%）	3（150）	2（100）	1（300）

在一定氮、钾肥用量范围内，夏玉米株高、茎粗和叶面积均随灌水量的增加而增加，但灌水过多会阻滞玉米生长；在灌水量一定的条件下，夏玉米株高、茎粗和叶面积也会随着施肥量的增加而增加（温利利等，2012）。在各个时期水肥耦合处理 7、处理 8、处理 9 的玉米株高和茎粗值最大且处理之间差异不显著，3 个处理均为调亏程度为 70%~80%，说明水分对玉米的农艺性状具有一定的决定性作用（表 4-33）。在土壤相对含水量 40%~50% 时，氮、磷、钾肥施用量分别为 300kg/hm^2、100kg/hm^2、200kg/hm^2 有助于促进玉米株高的生长；在土壤相对含水量 55%~65% 时，氮、磷、钾肥的施用量分别为 150kg/hm^2、150kg/hm^2、200kg/hm^2 能有效促进玉米茎粗的增大。

表 4-33 水肥耦合对玉米株高和茎粗的影响 单位：cm

处理	株高				茎粗			
	复水 5d	复水 10d	拔节期	抽雄吐丝期	复水 5d	复水 10d	拔节期	抽雄吐丝期
1	64.0bB	69.9dC	88.2bB	156.3deDE	0.97cdBC	1.27cC	1.41cdB	1.57cC
2	70.2bB	89.1bB	87.1bB	144.2eE	1.31bB	1.56bcC	1.79abcAB	1.74bcBC
3	70.9bB	74.9cdBC	88.8bB	206.7bcABC	1.37bB	1.55bcC	1.70bcdAB	1.80bcBC
4	65.5bB	80.1bcdBC	96.6bB	189.7cCD	1.19bcBC	1.71bC	1.63bcdAB	1.88bBC
5	67.8bB	70.1dC	81.6bB	166.7dDE	0.78dC	1.28cC	1.24dD	1.73bcBC
6	78.8bB	85.1bcBC	87.8bB	200.7cBC	1.28bcB	1.74bBC	1.69bcdAB	1.92bABC
7	117.2aA	127.1aA	141.4aA	225.7aA	2.24aA	2.28aAB	2.16abA	2.29aA
8	114.2aA	123.9aA	135.6aA	224.0abAB	2.30aA	2.49aA	2.27aA	1.99bAB
9	115.50aA	136.20aA	142.57aA	224.73aAB	2.57aA	2.36aA	2.28aA	2.28aA

刑英英等（2014）研究认为，作物的水肥管理是农田管理中一个十分重要的理论问题，倘若能协调两者关系达到最优化时，便可能实现低投入、高产出的目标。作物在不同生长条件下和不同生育阶段，喷洒不同的灌溉水量和施用不同的肥料用量都会对产量形成巨大的影响（Benjamin et al.，2014；Teixeira et al.，2014；Chilundo et al.，2016）。王聪翔等（2008）认为，在春玉米生产中，肥料的施用量要依据土壤含水率而定，同理灌水量的多少要以施肥量的高低来确定。合理的肥水配合，才能发挥最佳交互耦合作用，获得最高产量，实现水肥资源的高效利用。刘作新等（2000）研究表明，适宜水分条件下增施氮量能大幅度提高玉米产量，但在水分亏缺情况下过多施用氮肥不仅增加生产成本，而且会加重水分胁迫程度，造成作物减产。而 Li 等（2020）研究认为，在有充分灌溉条件的地区，将施氮量降低到 210kg/hm^2 可以满足玉米生长；在轻度水分胁迫和减半常规灌溉区域，315 kg/hm^2 传统农民施氮量表现出优越的效益。水肥耦合试验在 70%~80% 土壤相对含水量、施氮量 150kg/hm^2、施磷量 100kg/hm^2、施钾量 300kg/hm^2 条件下穗长、穗粗、穗行数、行粒数均表现较高，秃尖最短，能获得较高的单株产量；而在 70%~80% 土壤相对含水量、施氮量 300kg/hm^2、施磷量 150kg/hm^2、施钾量 100kg/hm^2 条件下单株产量仅次于前者，两者差异不显著（表 4-34）。这与前人的研究结果：最适灌水下限为田间持水量的 69.29%，氮的最佳投入量为 285.49kg/hm^2，磷的最适投入量为 128.79kg/hm^2（王聪翔等，2008）基本一致。因

此，在本试验条件下最佳的水肥耦合模式为土壤相对含水量 70%~80% 条件下氮肥、磷肥、钾肥分别施用 150kg/hm²、100kg/hm²、300kg/hm²。

表 4-34 苗期水肥耦合对玉米产量性状及产量的影响

处理	穗长（cm）	穗粗（cm）	秃尖长（cm）	穗粒数（粒 / 穗）	千粒重（g）	单株产量（g/ 株）
1	15.57 bc ABC	4.17 bc AB	3.70 ab A	187.8 d C	235.83 c BC	44.28 f EF
2	14.53 c BC	4.00 c B	3.87 ab A	175.3 d C	171.83 d C	30.13 f F
3	18.97 a A	4.33 abc AB	4.00 a A	426.0 abc AB	298.27 bc AB	127.06 cd BCD
4	14.53 c BC	4.17 bc AB	1.53 c AB	319.0 c BC	337.57 ab A	107.69 de CD
5	14.00 c C	4.47 ab AB	1.83 c AB	416.0 abc AB	213.11 c BC	88.65 e DE
6	16.40 abc ABC	4.57 ab AB	2.07 bc AB	371.8 bc AB	306.47 b AB	113.94 cde CD
7	18.43 a AB	4.33 abc AB	2.37 abc AB	456.7 ab AB	321.06 b AB	146.62 bc BC
8	18.50 a AB	4.63 a A	2.07 bc AB	517.6 a A	332.39 ab A	172.03 ab AB
9	17.70 ab ABC	4.47 ab AB	1.13 c B	535.6 a A	375.65 a A	201.18 a A

二、穗期水肥耦合技术

穗期是决定穗数、穗的大小、可孕花数的关键时期，可奠定结实粒数的基础，是玉米一生中生长发育最旺盛的阶段，也是田间管理最关键的时期（官春云，2011）。大量研究表明，水氮交互作用显著，且水肥配合存在阈值反应，在阈值范围内，水肥互作增产效应显著（Teixeira et al.，2014；Li et al.，2020）。采用二次饱和 D-416 最优试验设计（表 4-35）对玉米穗期进行不同的水肥处理，探明不同水肥耦合对玉米生长及产量的影响，并建立产量模型，解析各因子对产量的影响及效应。通过产量模型解析和优化，提出玉米穗期最佳水肥耦合措施，为穗期水肥管理提供一定的理论依据，并达到节水节肥、提高玉米产量的目的。

表 4-35　试验因素各水平处理编码及处理水肥施用方案

处理编号	A（X_1）	氮肥（kg/hm^2）	B（X_2）	磷肥（kg/hm^2）	C（X_3）	钾肥（kg/hm^2）	D（X_4）	土壤水分含量（%）
1	0	150	0	75	0	100	1.784	85~80
2	0	150	0	75	0	100	−1.494	55~50
3	−1	60.98	−1	30.49	−1	40.65	0.644	75~70
4	1	239.02	−1	30.49	−1	40.65	0.644	75~70
5	−1	60.98	1	119.51	−1	40.65	0.644	75~70
6	1	239.02	1	119.51	−1	40.65	0.644	75−70
7	−1	60.98	−1	30.49	1	159.39	0.644	75~70
8	1	239.02	−1	30.49	1	159.39	0.644	75~70
9	−1	60.98	1	119.51	1	159.39	0.644	75~70
10	1	239.02	1	119.51	1	159.39	0.644	75~70
11	0	150	1.685（γ）	150	0	100	−0.908	62~57
12	0	150	−1.685（−γ）	0	0	100	−0.908	62~57
13	0	150	0	75	1.685（γ）	200	−0.908	62~57
14	0	150	0	75	−1.685（−γ）	0	−0.908	62~57
15	1.685（γ）	300	0	75	0	100	−0.908	62~57
16	−1.685（−γ）	0	0	75	0	100	−0.908	62~57

穗期是玉米营养生长与生殖生长并进的时期，也是生长发育最旺盛的阶段。很多水肥耦合研究表明，水氮是对玉米生长影响最大的因素（徐泰森等，2016），受旱和低肥的情况下均会造成玉米株高，茎粗大幅度降低（彭龙等，2016）。从图 4-14 可知，进行玉米穗期水肥耦合，水分限制明显使株高、茎粗降低，抽雄吐丝

期及成熟期尤为显著。但施肥量越大并不代表对生长有促进作用，施氮量超过一定范围时会出现对生长发育造成抑制作用的负效应现象。随着施钾量的增加，玉米株高会略有增加；磷肥对株高、茎粗影响不大。

叶绿素含量是玉米叶片光合能力的体现。玉米是一种高光效 C4 植物，强大的光合作用能力使得玉米在生育期内能积累较大的生物产量。故光合能力直接与产量形成正相关。增施氮肥和水分均会对作物光合特性有影响，水氮对其影响仍是最大的（尹光华等，2006；金剑等，2005）。从图 4-14 中可以看出，在玉米拔节期和抽雄吐丝期相同水分处理条件下，氮肥施入量较多的处理其叶绿素含量也较高，且增加效果显著，氮肥施入量在 239.02~300kg/hm^2 左右较为适宜；水分也是影响叶绿素含量的重要因素，相同施肥量条件下水分过高过低均会导致其叶绿素含量的降低，土壤水分含量在 70%~75% 较为适宜（图 4-15）。说明叶绿素含量的大小与氮肥施入量和水分均密切相关。

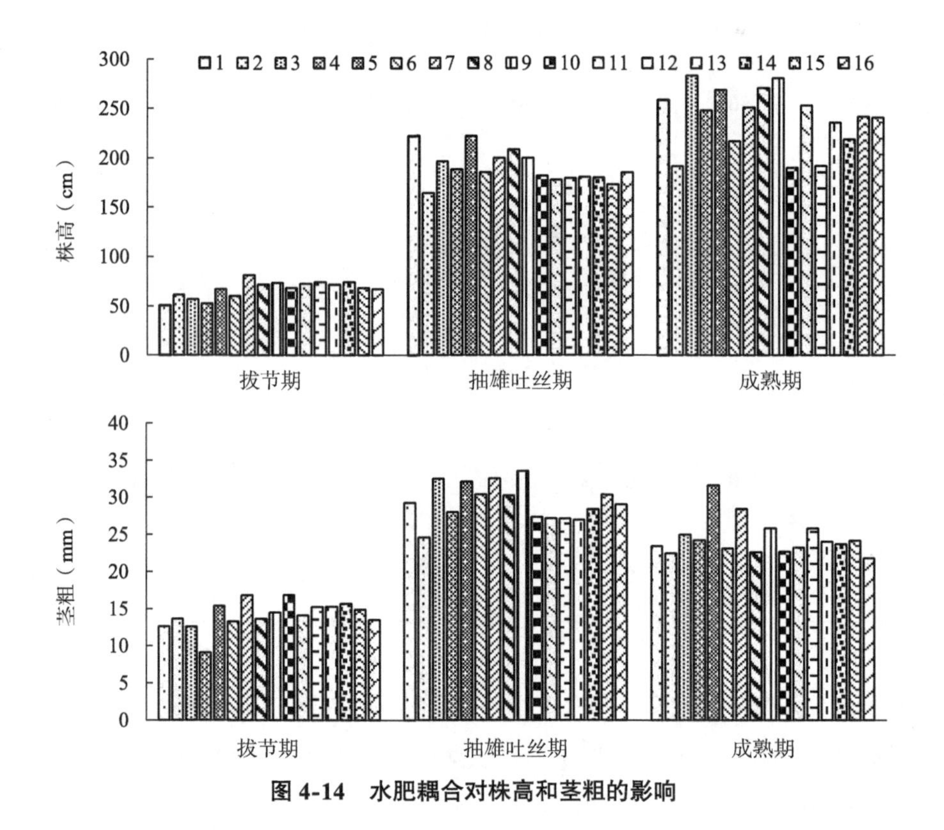

图 4-14　水肥耦合对株高和茎粗的影响

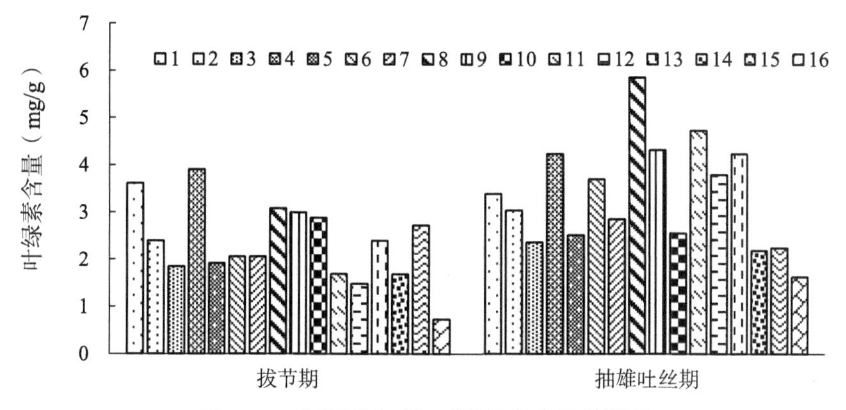

图 4-15　水肥耦合对玉米叶绿素含量的影响

水分和养分通过影响玉米形态、光合能力和籽粒形成等进而对产量产生一定的效应。不同水肥处理对玉米穗长有影响，处理 15、处理 16 与其他的处理出现较大差异，其中处理 6 至处理 9 穗长均较长，处理 9 比处理 15 高 41.91%。而不同水肥处理对玉米穗粗、穗行数及秃顶长并没有较大的影响。各个处理之间行粒数进行比较，差别较为明显。其中处理 1 行粒数达到 31.06 粒 / 行，其次是处理 8，两者与处理 15（17.22 粒 / 行）相比分别提高了 80.37% 和 67.25%（表 4-36）。

处理 8 的产量最高，单株产量达到了 121g。玉米穗期水肥耦合对其产量有显著影响。在相同水分条件下，增施氮肥会提高玉米产量，氮肥在 239.02~ 300kg/hm^2 较为适宜；磷肥对玉米产量有提高但效果不明显，磷肥 30.49~75kg/hm^2 较为适宜；钾肥对玉米产量提高有明显的促进作用，钾肥在 159.39~200kg/hm^2 较为适宜。在相同施肥条件下，灌溉量的增加会提高玉米产量，但超过一定范围内，含水量的增加则会降低玉米产量，所以穗期合理的施肥灌水对玉米产量提高有很明显的作用。

表 4-36　水肥耦合对玉米单株产量及产量性状的影响

处理	穗长（cm）	穗粗（cm）	秃顶长（cm）	穗行数（行）	行粒数（粒 / 行）	穗粒数（粒 / 穗）	千粒重（g）	单株产量（g/ 株）
1	15.69	12.91	3.25	13.25	31.06	365.12	217.0	78.36bAB
2	13.83	13.51	2.23	15.43	23.43	363.24	221.8	72.73bAB
3	15.69	12.50	2.63	15.33	24.22	365.88	221.9	78.63bAB
4	15.79	13.65	2.29	14.75	22.83	341.41	248.0	81.81abA
5	15.38	14.36	2.16	15.88	26.38	418.67	229.8	100.29abA

（续表）

处理	穗长（cm）	穗粗（cm）	秃顶长（cm）	穗行数（行）	行粒数（粒/行）	穗粒数（粒/穗）	千粒重（g）	单株产量（g/株）
6	16.33	13.91	2.59	15.14	27.38	407.70	209.0	83.94abA
7	16.16	14.44	4.20	16.00	22.24	356.10	269.9	98.17abA
8	16.78	14.54	2.22	15.60	28.80	448.13	269.3	121.84aA
9	16.83	12.86	3.68	15.25	19.92	301.10	236.4	66.19bAB
10	15.16	14.54	2.60	15.20	23.87	361.46	263.7	94.76abA
11	14.91	13.36	1.89	15.71	22.39	313.61	273.9	74.77bAB
12	13.42	14.38	2.60	15.20	23.92	294.34	261.9	73.30bAB
13	14.46	14.06	1.98	15.75	19.86	283.69	278.2	77.83bAB
14	15.05	14.04	1.90	14.00	17.56	244.25	319.8	76.63bAB
15	11.86	11.90	2.43	11.43	17.22	117.48	115.2	26.51cB
16	12.63	12.52	2.32	15.33	22.42	241.32	254.5	73.30bAB

作物水肥耦合，水分和肥料对产量的影响大小为水＞肥，且氮＞磷、氮＞钾；水肥之间存在一定的互作关系，尤其是水氮之间存在显著正相关，水分的盈亏直接影响氮肥效应的发挥，氮施用量的大小也会直接影响水分利用（刘秀珍等，2004；孙占祥等，2005）。根据产量结果，以产量为目标函数（Y），以氮肥（X_1）、磷肥（X_2）、钾肥（X_3）、土壤含水量（X_4）四因子为控制变量，对数据进行分析处理，得到玉米产量对四因子的回归数学模型：

$$Y=7\,832.22-152.46X_1-125.91X_2+147.09X_3+512.25X_4-1\,249.33X_1^2-803.14X_2^2-744.06X_3^2-1\,455.44X_4^2-96.01X_1X_2+429.25X_1X_3+634.87X_1X_4-543.70X_2X_3-163.89X_2X_4+141.41X_3X_4$$

经显著性检验，F 值 =5.646（$F>F_{0.05(14,\ 1)}=4.60$），显著水平 $P=0.0319\ 7$（$P<0.05$），Durbin-Watson 统计量 d=2.75，相关系数 $R=0.993\ 7$，调整后的相关系数 $R=0.9014$，表明此模型拟合很好，可用来进一步分析。

回归模型本身已经过无量纲编码代换，其偏回归系数已经标准化，故可以直接从其绝对值的大小来判断各因子对目标函数的相对重要性。从模型来看，四因子对产量的影响程度大小分别是 $X_4>X_1>X_2>X_3$，即水效应＞氮肥效应＞磷肥效应＞钾肥效应。

通过降维法得到四因子与产量的二次函数关系（①、②、③、④式分别表示氮、磷、钾和水），据此作出抛物线图（图 4-16）。

$\hat{Y}_{X1}=7\,832.22-152.46X_1-1249.33X_1^2$　　①

$\hat{Y}_{X2}=7\,832.22-125.91X_2-803.14X_2^2$　　②

$\hat{Y}_{X3}=7\,832.22+147.09X_3-744.06X_3^2$　　③

$\hat{Y}_{X4}=7\,832.22+512.25X_4-1\,455.44X_4^2$　　④

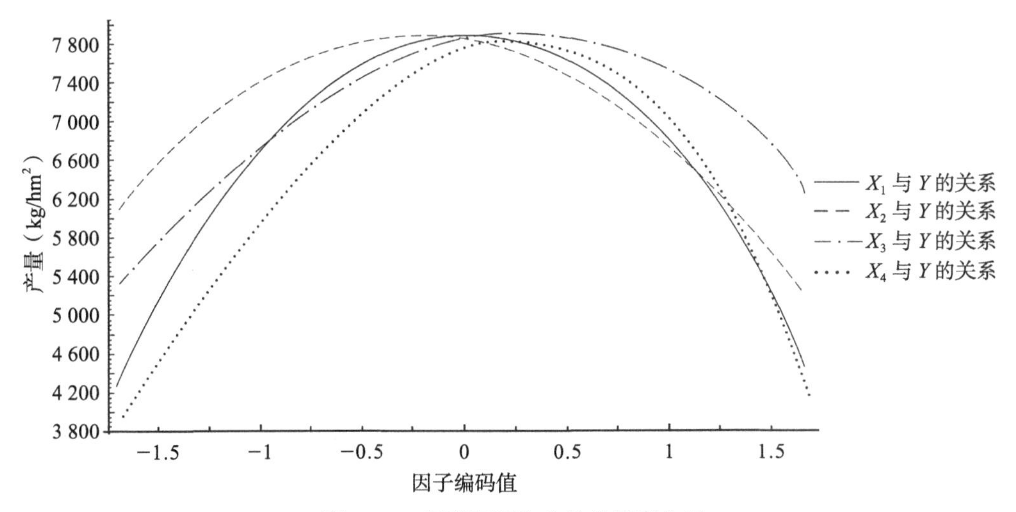

图 4-16　氮磷钾肥和水的单因素分析

从图 4-16 可知，水、氮、磷和钾四因子的产量效应均为抛物线，其中，以水和氮的效应曲线比较明显，各抛物线的顶点就是各单因子的最高产量值，与其相对应的便是各因子的最适投入量。当氮肥施入量为 144.57kg/hm^2 时，产量最高可达 7 836.90kg/hm^2；当磷肥施入量为 71.53kg/hm^2 时，产量最高可达 7 837.21kg/hm^2；当钾肥施入量为 105.87kg/hm^2 时，产量最高可达 7839.50kg/hm^2；当土壤水分含量为 66% 时，产量最高可达 7 877.30kg/hm^2。

试验中四因子之间对产量的影响有明显的交互耦合作用。按薛尔维斯德多元函数极值判别法则，通过对产量模型的解析，分别得到四因子的交互效应。氮肥与钾肥、灌水量呈正交互作用；磷肥与钾肥和灌水量呈负交互作用；钾肥与灌水量呈正交互作用。

为揭示辽西半干旱区浅埋滴灌水肥耦合春玉米的产量效应，王士杰等

（2020）采用水、氮、钾三因子五水平二次回归正交设计，利用模型寻优，得到较高产量 8 000~8 810kg/hm^2 的浅埋滴灌适宜水肥配比范围，即在自然降水条件下，灌溉量 43~61mm、施氮量 138~343kg/hm^2 和施钾量 79~163kg/hm^2。通过对不同目标下的最优组合方案模拟，构成 7^4=2 401 个生产因素组合，其中产量在 4 000~5 000kg/hm^2 有 335 个组合，5 000~6 000kg/hm^2 有 301 个组合，6 000~7 000kg/hm^2 有 224 个组合，大于 7 000kg/hm^2 有 70 个组合，并对大于 7 000kg/hm^2 的 70 个组合进行频次分析（表 4-37）。从表 4-37 可以看出，产量大于 7 000kg/hm^2 的方案中最佳水肥耦合措施：土壤水分含量为 66%~67%，施氮量为 144.67~158.00kg/hm^2，磷肥为 66.97~75.02kg/hm^2，钾肥为 101.65~112.83kg/hm^2。

表 4-37　玉米水肥耦合产量 >7 000kg/hm^2 时 70 个方案中各变量取值的频率分布

编码值	X_1		X_2		X_3		X_4	
	频数	频率	频数	频率	频数	频率	频数	频率
−1	0	0	9	12.9	13	18.6	0	0
−0.5	17	24.3	21	30	23	32.9	6	8.6
0	32	45.7	26	37.1	23	32.9	33	47.1
0.5	21	30	14	20	11	15.7	31	44.3
平均值	0.028 6		−0.178 6		0.228 6		0.178 6	
标准误	0.044 22		0.056 68		0.058 17		0.038 12	
95% 置信区间	−0.066~0.123		−0.300~−0.057		0.104~0.353		0.097~0.260	
最佳农艺措施	144.67~158.00kg/hm^2		66.97~75.02kg/hm^2		101.65~112.83kg/hm^2		66%~67%	

第七节　抗旱保水剂的筛选及应用效果

贵州山区具有土壤形成速度慢、土层瘠薄（一般小于 30cm）、极具富钙、保水性差的特点，其特殊的碳酸盐母岩成土背景决定了该区域成为世界上喀斯特发育最典型和复杂、分布面积最大的片区之一（Zhao et al.，2016）。虽然贵州大部分地区的年均降水量在 1 200mm 左右，但因山体坡度大，土层浅薄，降水的径流比率高，加之喀斯特构造形成的漏斗结构使降水大部分流入地下暗河从而使地表常出现阶段性缺水的现象。保水剂，又称为土壤调节剂，作为一种新型高分子聚合物具有超高的吸水保水性能，其不溶解于水，但遇水时能吸水膨胀，在短时间内吸收比自身重量大百倍的水分，形成固体凝胶，在缺水时，可缓慢释放 80%~95% 的水分供作物吸收利用，并且其具有反复吸水的功能（赵玉红等，2007）。近年来，随着干旱、半干旱区农业研究的不断深入，保水材料由于特殊的结构与性能，在抗旱节水方面受到农业领域的重视（田露等，2013）。施用保水剂不仅可以提高土壤蓄水保墒能力，改良土壤结构，调节季节性降水分配，缓解干旱对作物生长造成的压力（黄震等，2010；侯贤清等，2015；仝昊天等，2019），还可以通过改善土壤水分和植物叶片水势状况等调控光合生理过程，提高植株水分利用效率和光合效率（Guo et al.，2016; 陈芳泉等，2016），从而实现作物增产和改善品质的目的。因此，探究保水剂对玉米幼苗生长和生理特征的影响，对贵州喀斯特山区春玉米节水抗旱研究具有重要指导意义。

一、不同保水剂的吸水特性和保水效果分析

保水剂最早在 20 世纪 50 年代，由 Goodrich 公司在研究聚丙烯酸相关材料时发现。随着 Paul J. Flory C 在 1953 年提出交联高分子电解质吸水性聚合物的粒子网络吸收理论，为吸水性聚合物的发展提供了理论基础；1961 年美国农业部北方研究所相关研究人员开始利用淀粉接枝丙烯腈合成高分子吸水材料；1973 年 UCC 公司开始将其用作土壤保水剂，进行农业方面的应用（邹新禧，2002）。我国保水剂研制起步虽晚，但特别重视在农林业生产上的应用。1986—1990 年的“七五”期间中国农业科学院农业气象研究所的保水剂研究等列入国家旱地农业攻关项目，成为重要的农业化学抗旱技术之一（武继承等，2011）。20 世纪 90 年代至今，保水剂的研究和产业化一直在发展，目前已进入相对稳定的阶段（陶子斌，2007）。根据原料可分为 3 类，丙烯酸盐与丙烯酸衍生物聚合交联型、丙烯酸接枝共聚型、天然大分子自交联型。其中，丙烯酰胺聚合物类保水剂是当前世界主要应用的保水剂，其吸水性能虽稍差，但稳定性和耐盐性较好（李希，2014）。丙烯酰胺-丙烯酸盐共聚交联型保水剂是一种阴离子型高聚物，其聚合单体中接枝的羧基、羟基及酰胺基亲水基团和自身网状交联聚合结构可以吸收灌溉或降水时土壤中的有效态水，并在土壤水吸力增大时释放，具有良好的水分涵养能力（Guilherme et al.，

2015；雷锋文等，2019）。

选择 5 种丙烯酰胺聚合物类保水剂和玉米芯粉（CK）（表 4-38），分别置于烧杯中，加入等量（V_1）蒸馏水，电磁均匀搅拌后吸水 24h，滤干后量取烧杯中剩余蒸馏水体积（V_2），计算不同保水材料的吸水倍率。不同保水材料的相对吸水倍率等于以自来水（或土壤浸提液）饱和得出的吸水倍率与以蒸馏水饱和得出的吸收倍率之比。

$$Q_{\text{吸水倍率}}=(V1-V_2)/m$$

式中，$Q_{\text{吸水倍率}}$——保水材料的吸水倍率（mL/g）

V_1——保水材料吸 H_2O 前加入溶液体积（mL）

V_2——保水材料吸 H_2O 后剩余溶液体积（mL）

m——保水材料的质量（g）

表 4-38　供试保水材料性质

名称	生产厂家	形状	推荐用量	性质
安信（A）	东莞市安信保水有限公司	晶体颗粒	1.5~4.0kg/ 亩	丙烯酰胺-丙烯酸盐共聚交联物
博亚（B）	唐山博亚树脂有限公司	晶体颗粒	1.0~2.0kg/ 亩	
庆旺（C）	扶绥县庆旺植物抗旱保水剂厂	胶体颗粒	2.0~6.0kg/ 亩	
黑金子（D）	唐山博亚树脂有限公司	黑色颗粒		
农神（E）	珠海农神生物科技有限公司	晶体颗粒	1：300（保水剂：土壤）	
玉米芯粉（F）	自制	粉末（<5mm）		

从不同保水材料的吸水饱和曲线（图 4-17）可知，在恒温（20℃）条件下以蒸馏水处理保水剂，达到饱和的时间都在 4 小时左右，其中安信保水剂的吸水倍率最大，为 550mL/g；其次为黑金子、农神、博亚，庆旺和玉米粉末相对较小，吸水倍率不足 100mL/g。

研究不同保水材料分别经过自来水和土壤浸提液的处理后，其吸水倍率（图 4-18）和相对吸水倍率（图 4-19）的变化情况。结果显示，分别用自来水和土壤浸提液处理不同类型保水剂，浸泡 4h，玉米芯粉末的相对吸水倍率值变化不明显。自来水处理下，各类保水剂的相对吸水倍率显著降低，吸水倍率只有蒸馏水处理条

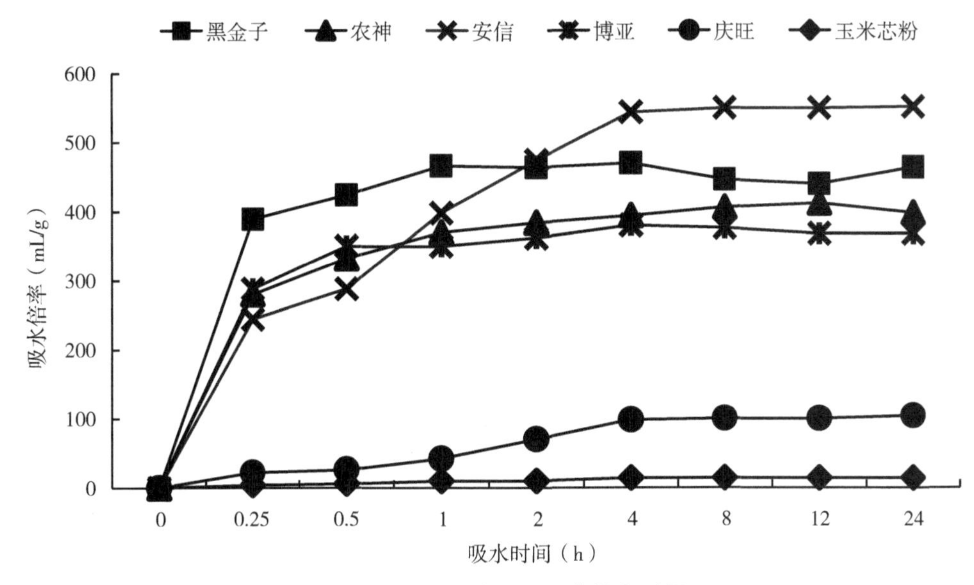

图 4-17 不同保水材料吸水饱和时间

件下的 20%~40%。土壤浸提液处理条件下的相对吸水倍率显著高于自来水处理。土壤浸提液处理的吸水倍率介于蒸馏水和自来水中间，反映保水剂在吸水同时，其吸持作用也会受到其他离子的干扰，因此，研究需进一步研究不同阳离子对保水剂吸水效果的影响，调控水肥应用效果，以期达到保水剂和氮肥配合施用下的节水保肥效果。

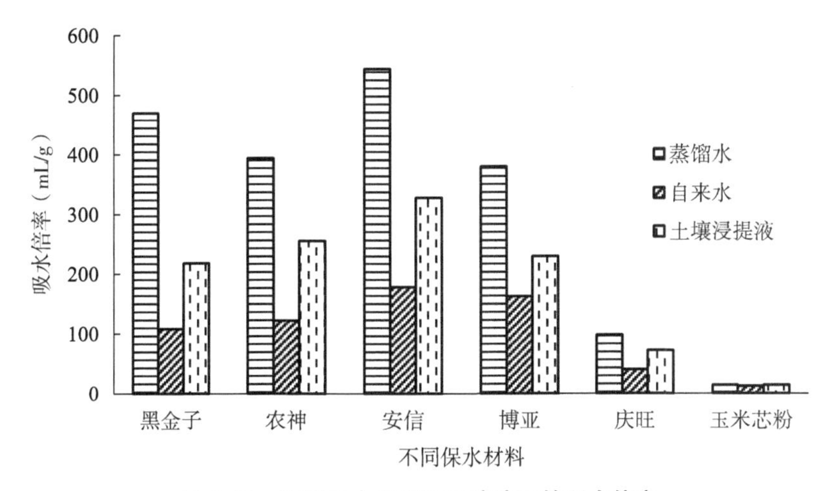

图 4-18 不同保水材料不同溶液下的吸水倍率

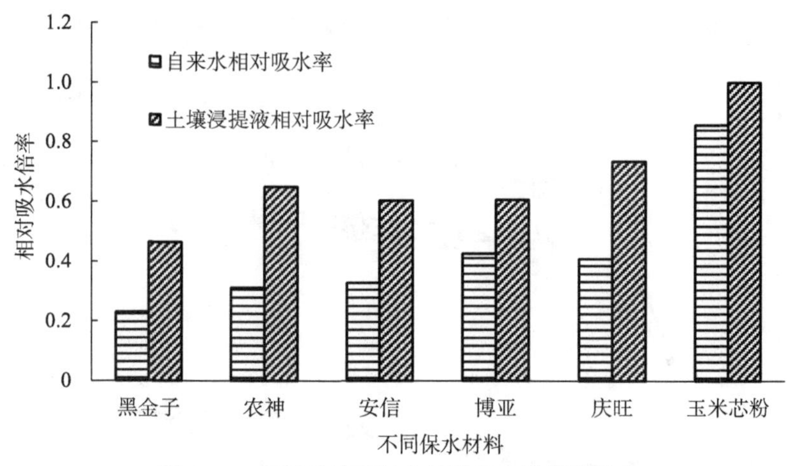

图 4-19　不同溶液对保水材料保水性能的影响

从表 4-39 可知，通过 6 种保水材料对不同价态的 7 种阳离子溶液吸水倍率的比较，总体上，安信保水剂在不同阳离子溶液中都呈现出相对较高的吸水倍率。阳离子对自制玉米芯粉的吸水率没有影响，而对另外 5 种保水剂吸水倍率影响十分显著，随着离子电荷的增加，保水剂的吸水倍率下降明显。低价离子（K^+、Na^+ 和 NH_4^+）对黑金子、农神、安信和博亚这四种保水剂的影响相当，吸水倍率均显著高于庆旺保水剂；高价离子（Fe^{3+}、Al^{3+}、Ca^{2+} 和 Mg^{2+}）对不同保水剂的吸水倍率影响差异不明显。其中，Ca^{2+} 对保水剂影响最大，各种保水剂在 Ca^{2+} 溶液中的吸水倍率最低，只有 8~10mL/g。

综上所述，从保水剂的吸水倍率、不同溶液及离子电荷对保水剂的吸水性能的影响综合来看，相对来说其效果较好的是安信、博亚和农神。

表 4-39　各种阳离子对不同保水剂吸水倍率的影响　　单位：mL/g

保水剂	吸水倍率						
	NH_4^+	Na^+	K^+	Mg^{2+}	Ca^{2+}	Al^{3+}	Fe^{3+}
黑金子	82	84	84	12	8	22	16
农神	90	84	92	10	10	16	14
安信	92	98	94	26	8	24	22
博亚	92	94	90	12	10	16	24
庆旺	26	28	30	12	8	10	10
玉米芯粉	12	8	12	10	10	10	10

二、保水剂对盆栽玉米苗期土壤理化性质及植株生理特性的影响

采用盆栽方式，利用渐进干旱方法控制水分，玉米三叶一芯前进行正常供水（间隔 2d 浇水，维持田间持水量的 75%），三叶一芯后采用胁迫供水（间隔 1d 浇水，维持田间持水量的 50%）。至拔节期时，比较不同保水剂对土壤理化性质及植株生理特性的影响。

保水剂中由于含有很多特异结构的强吸水基团，通过网孔中产生的高渗透缔合作用结构吸水，从而具有很强的保水性（雷锋文等，2019）。不同保水剂由于成分和粒径的大小对土壤含水量的影响也各有差异（李兴等，2012）。施用安信、庆旺保水剂和玉米芯粉 1、玉米芯粉 4 处理的土壤持水性能得到明显改善，从土壤含水率（图 4-20）中可以看出，其土壤的持水能力增强，土壤水分蒸发受到抑制，土壤失水速度变缓，从而使土壤含水率增大。

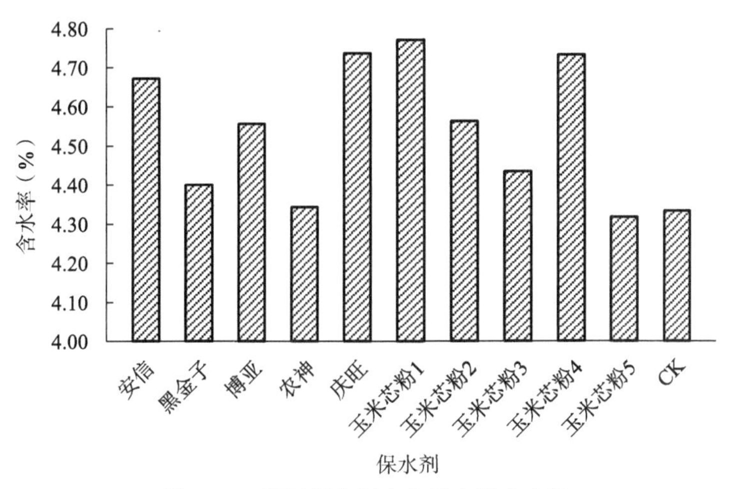

图 4-20 不同保水剂在土壤中的含水率

土壤中的团粒结构对作物的生长有固定作用、对土壤中根系的呼吸和土壤的蓄水保水都是有益的。土壤在使用保水剂后，土壤的结构发生了很大的变化，保水剂对土壤中的颗粒能够产生吸附，因此有效地促进土壤团粒结构的形成（侯贤清等，2015）。如表 4-40 所示，土壤经过使用保水剂种植玉米后，与 CK 相比，由于保水剂能够促使土壤中有机胶体对土壤团粒的黏合作用，土壤粒径 0.25~5mm 所占比例升高。与 CK 相比，庆旺保水剂对 0.25~5mm 的各级粒径的土壤团粒结构改变

较明显，使用保水剂的土壤 2~5mm 粒径的团粒结构形成明显，较明显的是安信、博亚、庆旺、玉米芯粉 3、玉米芯粉 4 和玉米芯粉 5。而这些团粒结构对稳定土壤结构，改善土壤中根系的呼吸，吸收水分都有明显作用。

从保水剂对土壤的含水率、蒸发量和土壤团粒结构的影响来看，效果相对明显的玉米芯粉 4 和庆旺保水剂。保水剂的应用前景很大，但是在农田的实际应用中，在选用的时候应考虑保水剂经济合理性。

表 4-40　保水剂对土壤团粒结构的影响

处理	各级水稳性团粒分布（g）					0.25~5mm 比例（%）
	2~5mm	1~2mm	0.5~1mm	0.25~0.5mm	<0.25mm	
原样	2.48	4.29	15.75	6.00	21.48	57.04
CK	1.86	2.37	6.66	5.25	33.86	32.28
安信	1.97	1.58	7.60	5.06	33.79	32.42
博亚	2.30	2.04	7.75	5.14	32.77	34.46
庆旺	1.96	3.74	8.61	5.79	29.90	40.20
黑金子	1.03	2.02	8.15	5.62	33.18	33.64
农神	1.15	2.02	7.63	5.22	33.98	32.04
玉米芯粉 1	1.58	1.97	8.30	4.93	33.22	33.56
玉米芯粉 2	1.38	3.06	9.47	3.12	32.97	34.06
玉米芯粉 3	2.06	3.62	12.48	2.10	29.74	40.52
玉米芯粉 4	1.48	2.08	8.79	2.37	35.28	29.44
玉米芯粉 5	2.12	2.59	10.04	4.85	30.40	39.20

保水剂除了在土壤改良方面有积极影响，在种子萌发方面、作物生长、发育方面均有显著作用（王晗生等，2001；黄占斌等，2002；Guo et al.，2016）。大田中施入保水剂后，玉米的出苗率较常规处理有所提高，促进根系和地上部发育（赵敏等，2006）。用玉米芯粉末量为 50g 和玉米芯粉末量为 40g 处理对玉米苗株高和叶面积增长的效果最好，施用安信保水剂对玉米苗叶面积增长次之，施用黑金子效果最差，其余保水剂和玉米芯粉末效果一般，不显著（表 4-41）。

根冠比反映了植物地下部分与地上部分的相关性。根冠比高，植物抗逆性强，会加强地上部分的生长。施用安信和施用量为 30g 的玉米芯粉末的玉米苗根冠比，效果大于施用庆旺、施用 50g 玉米芯粉末、施用 20g 玉米芯粉末的玉米苗根冠比。

在遇到逆境的情况下，尤其是干旱、盐渍等情况下，玉米体内的游离脯氨酸会大量增加，脯氨酸含量常常作为衡量玉米抗逆性的一项生化指标（郭金生等，2020）。由表 4-41 可知，C 处理的脯氨酸含量最高，为 95.17μg/g，CK 组的脯氨酸含量最低，为 28.78μg/g，处理 A 的脯氨酸含量小于处理 D，处理 D 的脯氨酸含量小于 E，处理 E、处理 B 的脯氨酸含量小于处理 C 的。说明施用安信与施用黑金子的效果大于施用庆旺的效果。

植物在干旱胁迫的情况下，会产生丙二醛（MDA），测定植物组织中的丙二醛含量，可以反映脂类过氧化的程度以及植物遭受逆境伤害的过程。与 CK 相比，加入的保水剂或玉米芯粉末玉米叶丙二醛含量降低（表 4-41）。说明加入保水剂或玉米芯粉末，玉米幼苗的抗旱性得到一定程度的增强。

表 4-41　不同保水剂处理对拔节期玉米农艺性状和抗旱性指标的影响

保水剂	株高（cm）	叶面积（cm^2/株）	根冠比（干重）	脯氨酸（μg/g）	MDA（μmol/g）
CK	78.57 ± 12.57	564.58 ± 196.55	0.43 ± 0.09	26.89 ± 9.45	2.03 ± 0.25
安信	81.01 ± 4.98	598.04 ± 141.96	0.47 ± 0.13	62.32 ± 27.30	2.66 ± 0.91
博亚	78.35 ± 8.20	542.19 ± 112.29	0.52 ± 0.01	68.25 ± 17.47	1.91 ± 0.18
庆旺	81.66 ± 10.80	462.85 ± 126.76	0.39 ± 0.04	84.03 ± 4.06	2.31 ± 0.77
黑金子	67.19 ± 11.44	338.25 ± 144.41	0.49 ± 0.03	63.89 ± 8.49	2.04 ± 0.39
农神	75.40 ± 8.96	477.16 ± 134.00	0.37 ± 0.13	71.60 ± 1.56	1.92 ± 0.10
10g 玉米芯粉	72.48 ± 12.62	418.65 ± 127.42	0.44 ± 0.08	65.36 ± 4.78	1.96 ± 0.51
20g 玉米芯粉	82.58 ± 11.76	550.90 ± 199.32	0.27 ± 0.06	69.38 ± 16.37	1.36 ± 0.21
30g 玉米芯粉	79.59 ± 17.22	562.44 ± 245.02	0.49 ± 0.01	62.49 ± 7.70	1.76 ± 0.10
40g 玉米芯粉	90.40 ± 6.60	785.48 ± 115.84	0.31 ± 0.02	45.74 ± 2.95	2.16 ± 1.44
50g 玉米芯粉	96.41 ± 4.05	840.49 ± 147.17	0.43 ± 0.05	65.11 ± 10.67	1.94 ± 0.55

玉米芯粉 1 和玉米芯粉 2 处理与土壤混合对 N 肥的保持最好，保水剂庆旺与土壤混合最有利于植株利用氮肥。保水剂博亚与安信分别与土壤混合种植玉米对 P 肥的保持效果最好，庆旺与玉米芯粉 3 处理与土壤混合不利于 P 肥的保持。而保水剂农神与土壤混合最有利于植株利用磷肥。黑金子与土壤混合种植玉米对 K 肥的保持效果最好，有利于植株利用钾肥。庆旺与土壤混合不利于 K 肥的保持（表 4-42）。

表 4-42　保水剂对 N 肥、P 肥和 K 肥的保持效果

处理	土壤全氮含量（g/kg）	增加比例（%）	植株全氮含量（g/kg）	增加比例（%）	土壤全磷含量（g/kg）	增加比例（%）
CK	2.632abA	5.61	2.283hH	0.44	0.417abA	10.03
安信	2.574abA	3.29	2.574bB	13.24	0.435aA	14.78
博亚	2.637abA	5.80	2.664aA	17.20	0.350bA	−7.65
庆旺	2.637abA	5.80	2.339fF	2.90	0.387abA	2.11
黑金子	2.639abA	5.90	2.362dD	3.92	0.399abA	5.28
农神	2.804aA	12.52	2.358eE	3.74	0.383abA	1.06
玉米芯粉 1	2.777aA	11.44	2.316gG	1.89	0.397abA	4.75
玉米芯粉 2	2.602abA	4.41	2.253kK	−0.88	0.352bA	−7.12
玉米芯粉 3	2.558abA	2.65	2.480cC	9.11	0.396abA	4.49
玉米芯粉 4	2.573abA	3.25	2.268jJ	−0.22	0.410abA	8.18
玉米芯粉 5	2.492bA	—	2.273iI	—	0.379abA	—

处理	植株全磷含量（g/kg）	增加比例（%）	土壤全钾含量（g/kg）	增加比例（%）	植株全钾含量（g/kg）	增加比例（%）
CK	0.109bB	4.81	0.128fE	13.27	0.065fE	6.56
安信	0.106cC	1.92	0.133dD	17.70	0.068deCD	11.48
博亚	0.102eD	−1.92	0.109jI	−3.54	0.070cBC	14.75
庆旺	0.103deD	−0.96	0.203aA	79.65	0.075aA	22.95
黑金子	0.127aA	22.12	0.118hG	4.42	0.067eDE	9.84
农神	0.097fE	−6.73	0.124gF	9.73	0.069cdCD	13.11
玉米芯粉 1	0.109bB	4.81	0.135cCD	19.47	0.061gF	0
玉米芯粉 2	0.109bB	4.81	0.144bB	27.43	0.070cBC	14.75
玉米芯粉 3	0.102eD	−1.92	0.130eE	15.04	0.072bB	18.03
玉米芯粉 4	0.099fE	−4.81	0.136cC	20.35	0.070cBC	14.75
玉米芯粉 5	0.104dCD	—	0.113iH	—	0.061gF	—

参考文献

常静，杨志勇，曹永强，等，2015. 基于降水频率特性分析的 Z 指数界限值修正 [J]. 水文，35（1）：68-72.

陈芳泉，邵惠芳，贾国涛，等，2016. 保水剂对烟草光合特性和叶绿素荧光参数的影响 [J]. 中国农业科技导报，18（5）：157-163.

成锴，苏晓慧，栗建枝，等，2017. PEG-6000 胁迫下玉米品种萌发期抗旱性鉴定与评价 [J]. 玉米科学，25（5）：85-90.

崔静宇，关小康，杨明达，等，2019. 基于主成分分析的玉米萌发期抗旱性综合评定 [J]. 玉米科学，27（5）：62-72.

邓春晖，李艳君，2013. 玉米秸秆还田对土壤有机化进程的影响 [J]. 中国园艺文摘，29（3）：24-25.

杜建斌，2020. 旱灾对我国粮食主产省粮食产量的影响及抗旱对策研究 [D]. 北京：中国农业科学院 .

段洪文，2014. 宣威市玉米科技抗旱种植技术演变的启示 [J]. 云南农业（1）：69.

樊智翔，郭玉宏，安伟，等，2003. 玉米综合利用的现状和发展前景 [J]. 山西农业大学学报（2）：182-184.

冯鹏，王晓娜，王清郦，等，2012. 水肥耦合效应对玉米产量及青贮品质的影响 [J]. 中国农业科学，45（2）：376-384.

高飞，贾志宽，路文涛，等，2011. 秸秆不同还田量对宁南旱区土壤水分、玉米生长及光合特性的影响 [J]. 生态学报，31（3）：777-783.

官春云，2011. 现代作物栽培学 [M]. 北京：高等教育出版社 .

郭金生，曹丽茹，张新，等，2020. 拔节期干旱对不同玉米品种叶片生理特性的影响及抗旱性分析 [J]. 中国农学通报，36（9）：14-18.

何萍，金继运，林葆，等，1998. 不同氮、磷、钾用量下春玉米生物产量及其组分动态与养分吸收模式研究 [J]. 植物营养与肥料学报，4（2）：123-130

赫福霞，李柱刚，阎秀峰，等，2014. 渗透胁迫条件下玉米萌芽期抗旱性研究 [J]. 作物杂志（5）：144-147.

侯贤清，李荣，何文寿，等，2015. 2 种保水剂对旱作土壤物理性状及马铃薯产量的影响比较 [J]. 核农学报，29（12）：2410-2417.

黄占斌，吴雪萍，方峰，等，2002. 干湿变化和保水剂对植物生长和水分利用效率的影响 [J]. 应用与环境生物学报，8（6）：600-604.
黄震，黄占斌，李文颖，等，2010. 不同保水剂对土壤水分和氮素保持的比较研究 [J]. 中国生态农业学报，18（2）：245-259.
纪瑞鹏，车宇胜，朱永宁，等，2012. 干旱对东北春玉米生长发育和产量的影响 [J]. 应用生态学报，23（11）：3021-3026.
贾伟，周怀平，解文艳，等，2008. 长期秸秆还田秋施肥对褐土微生物碳、氮量和酶活性的影响 [J]. 华北农学报，23（2）：138-142.
金剑，刘晓冰，王光华，等，2005. 水肥耦合对春小麦群体叶面积及产量的影响 [J]. 吉林农业大学学报，27（3）：241-244，247.
鞠笑生，杨贤为，陈丽娟，等，1997. 我国单站旱涝指标确定和区域旱涝级别划分的研究 [J]. 应用气象学报，8（1）：26-33.
康端礼，李继明，2013. 玉米秸秆还田对旱地土壤肥水及马铃薯的影响 [J]. 甘肃农业科技（10）：24-26.
腊塞尔，E. Russell，谭世文，1979. 土壤条件与植物生长 [M]. 北京：科学出版社 .
雷锋文，符颖怡，廖宗文，等，2019. 保水剂构件的保水保肥效果研究 [J]. 水土保持通报，39（3）：151-155.
李柏贞，周广胜，2014. 干旱指标研究进展 [J]. 生态学报，34（5）：1043-1052.
李军，王龙昌，孙小文，等，1997. 宁南半干旱偏旱区旱作农田沟垄径流集水蓄墒效果与增产效应研究 [J]. 干旱地区农业研究，15（1）：16-20.
李尚中，樊廷录，王勇，等，2014. 不同覆膜集雨种植方式对旱地玉米叶绿素荧光特性、产量和水分利用效率的影响 [J]. 应用生态学报，25（2）：458-466.
李少昆，刘永红，李晓，等，2011. 西南玉米田间种植手册 [M]. 北京：中国农业出版社：9-11.
李士敏，顾永忠，陈必静，2008. 贵州省旱作农业节水技术模式及效益分析 [J] 贵州农业科学，36（2）：100-104.
李希，刘玉荣，郑袁明，等，2014. 保水剂性能及其农用安全性评价研究进展 [J]. 环境科学，35（1）：394-400.
李小雁，张瑞玲，2005. 旱作农田沟垄微型集雨结合覆盖玉米种植试验研究 [J]. 水土保持学报，19（2）：45-52.
李兴，蒋进，宋春武，等，2012. 不同粒径保水剂吸水特性及其对土壤物理性能的

影响 [J]. 干旱区研究，29（4）：609-614.
李志军，赵爱萍，丁晖兵，等，2006. 旱地玉米垄沟周年覆膜栽培增产效应研究 [J]. 干旱地区农业研究，24（2）：12-17.
刘红梅，聂绍伦，1990. 毕节县旱地聚垄免耕玉米试验初报 [J]. 贵州农业科学（3）：22-24.
刘景辉，刘克礼，1994. 春玉米需氮规律的研究 [J]. 内蒙古农牧学院学报，15（3）：12-18.
刘玮，2012. 基于模型的播期对东北春玉米产量影响的研究 [C]. 中国气象学会：22.
刘秀珍，张阅军，杜慧玲，2004. 水肥交互作用对间作玉米、大豆产量的影响研究 [J]. 中国生态农业学报，12（3）：75-77.
刘艳，汪仁，华利民，等，2012. 施氮量对玉米生育后期叶片衰老与保护酶系统的影响 [J]. 玉米科学，20（2）：124-127.
刘永红，李茂松，等，2011. 四川季节性干旱与农业防控节水技术研究 [M]. 北京：科学出版社：158.
刘作新，郑昭佩，王建，2000. 辽西半干旱区小麦、玉米水肥耦合效应研究 [J]. 应用生态学报，11（4）：540-544.
龙健，黄昌勇，滕应，2003. 矿区废弃地土壤微生物及其生化活性 [J]. 生态学报，23（3）：496-503.
路贵和，戴景瑞，张书奎，等，2005. 不同干旱胁迫条件下我国玉米骨干自交系的抗旱性比较研究 [J] . 作物学报，31（10）：1284-1288 .
么枕生，丁裕国，1990. 气候统计 [M]. 北京：气象出版社：161-180.
米娜，张玉书，纪瑞鹏，等，2016. 基于作物模型与最佳季节法的锦州地区玉米最佳播种期分析 [J]. 中国农业气象，37（1）：68-76.
逄蕾，黄高宝，2006. 不同耕作措施对旱地土壤有机碳转化的影响 [J]. 水土保持学报，20（3）：110-113.
彭龙，昌志远，郭克贞，等，2016. 毛乌素沙地水肥耦合对玉米的生长发育及产量的影响 [J]. 节水灌溉（4）：7-10.
曲学勇，宁堂原，2009. 秸秆还田和品种对土壤水盐运移及小麦产量的影响 [J]. 中国农学通报，25（11）：65-69.
任小龙，贾志宽，丁瑞霞，等，2010. 我国旱区作物根域微集水种植技术研究进展及展望 [J]. 干旱地区农业研究，28（3）：83-89.

申丽霞，王璞，张丽丽，2011. 可降解地膜对土壤、温度水分及玉米生长发育的影响 [J]. 农业工程学报，27（6）：25-30.
宋玉明，王习强，谢长江，2008. 对玉米秸秆综合开发利用技术的初步探讨 [J]. 广西轻工业（1）：4-5.
苏永，赵哈林，2002. 农田沙漠化演变中土壤质量的生物学特性变化 [J]. 干旱区研究，19（4）：64-68.
孙占祥，孙文涛，2005. 水肥互作对玉米生长发育及产量的影响 [J]. 沈阳农业大学学报，36（3）：275-278.
陶子斌，2007. 丙烯酸生产与应用技术 [M]. 北京：化学工业出版社 .
田露，李立军，郭晓霞，等，2013. 不同保水材料对内蒙古黄土高原旱作玉米幼苗生长及土壤贮水特性的影响 [J]. 干旱地区农业研究，31（5）：54-60.
仝昊天，韩燕来，李培培，等，2019. 几种保水材料对砂质潮土水分参数的影响 [J]. 水土保持研究，26（4）：116-122.
王彩绒，田霄鸿，李生秀，2004. 覆膜集雨栽培对冬小麦产量及养分吸收的影响 [J]. 干旱地区农业研究，22（2）：108-111.
王聪翔，孙文涛，孙占祥，等，2008. 辽西半干旱区水肥耦合对春玉米产量的影响 [J] 灌溉排水学报，27（2）：102-105.
王晗生，王青宁，2001. 保水剂农用抗旱增效研究现状 [J]. 干旱地区农业研究，19（4）：38-45.
王俊鹏，韩清芳，王龙昌，等，2000. 宁南半干旱区农田微集水种植技术效果研究 [J]. 西北农业大学学报，28（4）：16-20.
王磊，朱林，陶少强，2010. 麦玉秸秆还田对土壤养分动态变化的影响 [J]. 安徽农业大学学报，37（4）：791-794.
王利，2013. 浅论玉米秸秆还田与土壤保健 [J]. 农业与技术，33（2）：61-62.
王莉欢，2017. 基于作物生长模型的水稻适宜播期模拟研究 [D]. 南京：南京农业大学 .
王平，谢成俊，陈娟，等，2011. 地膜覆盖对半干旱地区土壤环境及作物产量的影响研究综述 [J]. 甘肃农业科技（12）：34-37.
王士杰，尹光华，李忠，等，2020. 浅埋滴灌水肥耦合对辽西半干旱区春玉米产量的影响 [J]. 应用生态学报，31（1）：139-147.
王艺陶，周宇飞，李丰先，等，2014. 基于主成分和 SOM 聚类分析的高粱品种萌发期抗旱性鉴定与分类 [J]. 作物学报，40（1）：110-120.
温立玉，宋希云，刘树堂，2014. 水肥耦合对夏玉米不同生育期叶面指数和生物量的影响 [J]. 中国农学通报，30（21）：89-94.
吴晨，葛锦，张少斌，2017. PEG 模拟干旱胁迫处理辽宁省主栽玉米品种的萌发特性 [J]. 贵州农业科学，45（2）：26-30.
吴鹏年，王艳丽，侯贤清，等，2020. 秸秆还田配施氮肥对宁夏扬黄灌区滴灌玉米产量及土壤物理性状的影响 [J]. 土壤，52（3）：470-475.
武继承，杨永辉，张彤，2011. 保水剂对土壤环境与作物效应的影响 [M]. 郑州：黄河水利出版社.
谢军红，柴强，李玲玲，等，2015. 黄土高原半干旱区不同覆膜连作玉米产量的水分承载时限研究 [J]. 中国农业科学，48（8）：1558-1568.
邢英英，张富仓，张燕，等，2014. 膜下滴灌水肥耦合促进番茄养分吸收及生长 [J]. 农业工程学报，30（21）：70-80.
徐泰森，孙扬，刘彦萱，等，2016. 膜下滴灌水肥耦合对半干旱区玉米生长发育及产量的影响 [J]. 玉米科学，24（5）：118-122.
徐文强，杨祁峰，牛芬菊，等，2013. 秸秆还田与覆膜对土壤理化特性及玉米生长发育的影响 [J]. 玉米科学，21（3）：87-93.
徐莹莹，王俊河，刘玉涛，等，2018. 秸秆不同还田方式对土壤物理性状、玉米产量的影响 [J]. 玉米科学，26（5）：78-84.
徐忠山，刘景辉，逯晓萍，等，2019. 秸秆颗粒还田对黑土土壤酶活性及细菌群落的影响 [J]. 生态学报，39（12）：4347-4355.
许红根，陈江鲁，张镇涛，等，2018. 基于 APSIM 模型的新疆春播中晚熟玉米最适播期研究 [J]. 石河子大学学报（自然科学版），36（2）：153-158.
薛兰兰，2011. 秸秆覆盖保护性种植的土壤养分效应和作物生理生化响应机制研究 [D]. 重庆：西南大学.
杨青华，韩锦峰，贺德先，2005. 液体地膜覆盖对棉田土壤微生物和酶活性的影响 [J]. 生态学报，25（6）：1312-1317.
尹光华，刘作新，陈温福，等，2006. 水肥耦合条件下春小麦叶片的光合作用 [J]. 兰州大学学报，42（1）：40-43.
张冬梅，池宝亮，黄学芳，等，2008. 地膜覆盖导致旱地玉米减产的负面影响 [J]. 农业工程学报，24（4）：99-102.

张健，池宝亮，黄学芳，等，2007. 玉米萌芽期水分胁迫的抗旱性分析 [J] . 山西农业科学，35（2）：34-38 .

张静，温晓霞，廖允成，等，2010. 不同玉米秸秆还田量对土壤肥力及冬小麦产量的影响 [J]. 植物营养与肥料学报，16（3）：612-619.

张学林，张许，王群，等，2010. 秸秆还田配施氮肥对夏玉米产量和品质的影响 [J]. 河南农业科学（9）：69-73.

赵敏，高会东，崔彦宏，2006. 保水剂对夏玉米生长发育和产量的影响 [J]. 玉米科学，14（6）：125-126.

赵小翠，刘朋朋，王倩，等，2011. 夏季种植甜玉米及秸秆还田对设施番茄土壤微生物区系的影响 [J]. 中国蔬菜（22/24）：45-50.

赵玉红，米春香，工金辉，2007. 农业生产应用保水剂的作用与使用技术 [J]. 现代农业（8）：136-136.

赵玉坤，高根来，王向东，等，2014. PEG 模拟干旱胁迫条件下玉米种子的萌发特性研究 [J]. 农学学报，4（7）：1-4，12.

周怀平，解文艳，关春林，等，2013. 长期秸秆还田对旱地玉米产量、效益及水分利用的影响 [J]. 植物营养与肥料学报，19（2）：321-330.

邹新禧，2002. 超强吸水剂 [M]. 北京：化学工业出版社 .

AASE J K. 1995. Crop and soil response to long-term tillage practice in the northern Great Plains[J]. Agronomy Journal，87（4）：652.

BEHTARI B，JAFARIAN Z，ALIKHANI H，2019. Temperature sensitivity of soil organic matter decomposition in response to land management in semi-arid rangelands of Iran[J]. Catena，179：210-219.

BENJAMIN J，NIELSEN D，VIGIL M，et al.，2014. Water deficit stress effects on corn（*Zea mays* L.）root/shoot ratio[J]. Open Journal of Soil Science，4：151-160.

BOUAZZAMA B，XANTHOULIS D，BOUAZIZ A，et al.，2012. Effect of water stress on growth，water consumption and yield of silage maize under flood irrigation in a semi-arid climate of tadla（morocco）[J]. Biotechnologic Agronomie Societe ET Environmement，16：468-477.

BOUSLAMA M，SCHAPAUGH W T，1984. Stress tolerance in soybeans. I. Evaluation of three screening techniques for heat and drought tolerance1[J]. Crop Science，24（5）：933.

CHILUNDO M，JOEL A，WESSTRÖM I，et al.，2016. Effects of reduced irrigation dose and slow release fertilizer on nitrogen use efficiency and crop yield in a semi-arid loamy sand[J]. Agricultural Water Management，168：68-77.

CHILUNDO M，JOEL A，WESSTRÖM I，et al.，2017. Response of maize root growth to irrigation and nitrogen management strategies in semi-arid loamy sandy soil[J]. Field Crops Research，200：143-162.

DU Y D，CAO H X，LIU S Q，et al.，2017. Response of yield，quality，water and nitrogen use efficiency of tomato to different levels of water and nitrogen under drip irrigation in northwestern China[J]. Journal of Integrative Agriculture，16：1153-1161.

GAN Y T，SIDDIQUE K H M，TURNER N C，et al.，2013. Ridge-furrow mulching systems—An innovative technique for boosting crop productivity in semiarid rain-fed environments[J]. Advances in Agronomy，118：429-476.

GUILHERME M R，AOUADA F A，Fajardo A R，et al.，2015. Superabsorbent hydrogels based on polysaccharides for application in agriculture as soil conditioner and nutrient carrier：A review[J]. European Polymer Journal，72：365-385.

GUO L W，NING T Y，NIE L P，et al.，2016. Interaction of deep placed controlled-release urea and water retention agent on nitrogen and water use and maize yield [J]. European Journal of Agronomy，75：118-129.

JIN L B，CUI H Y，LI B，et al.，2012. Effects of integrated agronomic management practices on yield and nitrogen efficiency of summer maize in north china[J]. Field Crops Research，134：30-35.

KITE G W. 1988. Frequency and risk analysis in hydrology[M]. Littleton：Water Resources Publications.

KIYMAZ S，ERTEK A. 2015. Yield and quality of sugar beet（*Beta vulgaris* L.）at different water and nitrogen levels under the climatic conditions of Krsehir，Turkey[J]. Agricultural Water Management，158：156-165.

LI G H，ZHAO B，DONG S T，et al.，2020. Controlled-release urea combining with optimal irrigation improved grain yield，nitrogen uptake，and growth of maize[J]. Agricultural Water Management，227.

MBAH C N，NWITE J N，NJOKU L M，et al.，2010. Physical properties of an ultisol under plastic film and no-mulches and their effect on the yield of maize[J]. World Journal of Agricultural Sciences，6（2）：160-165.

TEIXEIRA E.，GEORGE M，HERREMAN T，et al.，2014. The impact of water and nitrogen limitation on maize biomass and resource-use efficiencies for radiation, water and nitrogen[J]. Field Crops Research，168：109-118.

WANG YJ，XIE ZK，MALHI SS，et al.，2009. Effects of rainfall harvesting and mulching technologies on water use efficiency and crop yield in the semi-arid Loess Plateau，China[J]. Agricultural Water Management，96：374-382.

ZEGADA-LIZARAZU W，BERLINER P R，2011. Inter-row mulch increase the water use efficiency of furrow-irrigated maize in an arid environment[J]. Journal of Agronmy and Crop Science，197（3）：237-248.

ZHAO L L，ZHANG Y，WANG P C，et al.，2016. Morphological and genetic variations of *Sophora davidii* populations originating from different altitudes in the mountains of southwestern China[J]. Flora，224（6）：1-6.

ZHAO S C，LI K J，ZHOU W，et al.，2016. Changes in soil microbial community, enzyme activities and organic matter fractions under long-term straw return in north-central China[J]. Agriculture Ecosystems & Environment，216：82-88.

贵州春玉米农艺节水抗旱栽培技术的应用

玉米农艺节水抗旱栽培技术是一项综合性技术，通过对玉米抗旱品种鉴选、适宜播期、覆盖保墒技术、秸秆还田增肥保水技术、水肥耦合技术、化学调控技术等研究，集成了适宜贵州不同生态区的春玉米农艺节水抗旱栽培技术模式，并进行了示范应用。

一、玉米膜侧抗旱栽培技术

2008—2009 年在毕节地区毕节、黔西、金沙、威宁等五县市进行了玉米膜侧抗旱栽培技术示范，示范面积 67 481.5 亩，其中核心示范区 1 267.2 亩（表 5-1）。

表 5-1　玉米膜侧抗旱栽培技术示范面积统计

年份	县市名称	示范面积（亩）	核心示范面积（亩）
2008	毕节	5 208	150
	黔西	6 000	100
	金沙	8 318	130
	威宁	7 108.5	103.6
	合计	26 634.5	483.6
2009	毕节	8 694	150
	黔西	10 200	200
	金沙	11 318	120
	威宁	10 535	213.6
	赫章	100	100
	合计	40 847	783.6

根据各示范县市验收情况可知，玉米膜侧栽培平均亩产为 587.5kg，玉米露地栽培平均亩产为 500.95kg，按照《农业科技成果经济效益计算办法》，取缩值系数为 0.7 计算，单位面积增产量为 60.58kg，增产幅度为 17.3%。核心示范区玉米膜侧栽培的平均亩产为 721.6kg（表 5-2）。

表 5-2　玉米膜侧栽培高产新技术示范产量

年份	县市名称	露地栽培		膜侧栽培		核心示范区	
		面积（亩）	产量（kg/亩）	面积（亩）	产量（kg/亩）	面积（亩）	产量（kg/亩）
2008	毕节	15.8	460.2	56.3	540.3	2.0	740.9
	黔西	11.3	490.5	36.8	565.8	2.8	769.3
	金沙	10.3	531.92	25.5	672.2	1.5	775.68
	威宁	15.9	462.5	39.4	545.1	1.5	684.6
	合计	53.3	481.17	158	568.72	7.8	746.96
2009	毕节	13.5	505.4	65.8	595.4	3.0	710.97
	黔西	26.4	568.4	78.5	629.8	4.3	672.3
	金沙	2.7	620.84	11.5	699.36	2.0	712.9
	威宁	15.3	430.5	56.8	548.2	3.3	740.9
	赫章	2.0	485.2	4.8	602.8	—	—
	合计	59.9	518.56	217.4	601.15	12.6	705.9

二、不同生态区春玉米农艺节水抗旱栽培技术模式

2014—2016 年在金沙县实施玉米地膜＋秸秆覆盖节水高产技术模式 2 867.8 亩，经测产资料汇总，平均亩产为 596.4kg，较当地常规种植 523.9kg 增产 72.5kg，增幅 13.84%。在毕节等地实施“马铃薯 / 玉米抗旱杂交良种＋适期播种＋地膜覆盖栽培”为主的集成技术模式 2 108.7 亩，经测产资料汇总，平均亩产为 581.3kg，较当地常规种植 510.2kg 增产 71.1kg，增产幅度为 13.94%。在威宁县实施了以玉米宽膜覆盖节水高产技术模式为核心的集成技术 2 438.4 亩，经测产资料汇总，平均亩产为 586.3kg，较当地常规种植 516.9kg 增产 69.4kg，增产幅度为 13.43%。

三、贵州春玉米宽膜覆盖根域集雨技术

通过研究，集成了贵州春玉米节水抗旱新技术——玉米宽膜覆盖根域集雨技术模式。其关键技术为选用抗旱玉米品种，采用宽幅地膜覆盖（幅宽 1.8m，80cm+40cm 宽窄行种植，一膜盖 4 行）、根域集雨种植、施用新型有机无机缓控释肥等。该模式选用抗旱玉米新品种，为节水奠定基础；采用宽膜覆盖，充分发挥地膜增温保墒抑草效应，提高了降水利用率，减少除草剂施用量，节约覆膜和中耕除草用工；施用有机无机缓控释肥，实现肥料平衡施用；此外，增温保墒后水肥耦合效应明显，提高了肥料利用率。2018—2019 年在威宁县示范推广，在核心示范区经专家现场测产，该技术模式平均亩产 829.24kg，比传统栽培增产 12.77%，节水、节肥、节药 22%，提高劳动生产率 35%。